排污单位自行监测技术指南教程
——储油库、加油站

生态环境部生态环境监测司
中国环境监测总站 编著
中国石油集团安全环保技术研究院有限公司

中国环境出版集团·北京

序

　　生态环境是关系党的使命宗旨的重大政治问题，也是关系民生的重大社会问题。党中央、国务院高度重视生态环境保护工作，党的十八大将生态文明建设作为中国特色社会主义事业"五位一体"总体布局的重要组成部分，党的十九大报告全面阐述了加快生态文明体制改革、推进绿色发展、建设美丽中国的战略部署，党的二十大报告明确指出全面实行排污许可制，健全现代环境治理体系。习近平生态文明思想开启了新时代生态环境保护工作的新阶段，习近平总书记在全国生态环境保护大会上指出生态文明建设是关乎中华民族永续发展的根本大计。党的十八大以来，党中央以前所未有的力度抓生态文明建设，全党全国推动绿色发展的自觉性和主动性显著增强，美丽中国建设迈出重大步伐，我国生态环境保护发生历史性、转折性、全局性变化。

　　生态环境部组建以来，统一行使生态和城乡各类污染排放监管与行政执法职责，提高污染排放标准，强化排污者责任，健全环保信用评价、信息强制性披露、严惩重罚等制度，形成了政府为主导、企业为主体、社会组织和公众共同参与的环境治理体系。生态环境监测是生态环境保护工作的重要基础，是环境管理的基本手段。我国相关法律法规中明确要求排污单位对自身排污状况开展监测，排污单位开展自行监测是法定的责任和义务。

　　为规范和指导排污单位开展自行监测工作,生态环境部发布了一系列排污单位自行监测技术指南。同时,为让各级生态环境主管部门和排污单位更好地应用技术指南,生态环境部生态环境监测司组织中国环境监测总站等单位编写了排污单位自行监测技术指南教程系列图书,将排污单位自行监测技术指南分类解析,既突出对理论的解读,又兼顾实践的应用,具有很强的指导意义。本系列图书既可以作为各级生态环境主管部门、研究机构、企事业单位环境监测人员的工作用书和培训教材,还可以作为大众学习的科普图书。

　　自行监测数据承载了大量污染排放和治理信息,是生态环保大数据重要的信息源,是排污许可证申请与核发等新时期环境管理的有力支撑。随着生态环境质量的不断改善、环境管理的不断深化,排污单位自行监测制度也将不断完善和改进。希望本系列图书的出版能为提升排污单位自行监测管理水平、落实企业自行监测主体责任发挥重要作用,为深入打好污染防治攻坚战做出应有的贡献。

编　者

2024 年 10 月

前　言

1972 年以来，我国生态环境保护工作从最初的意识启蒙阶段，经历了环境污染蔓延和加剧期的规模化、综合化治理，主要污染物总量控制等阶段，逐渐发展到以环境质量改善为核心的环境保护思路上来。为顺应生态环境保护工作的发展趋势，进一步规范企事业单位和其他生产经营者的排污行为，控制污染物排放，2016 年以来，我国实施以排污许可制度为核心的固定污染源管理制度，在政府部门监督/执法监测的基础上，强化了排污单位自行监测要求，排污单位自行监测成为污染源监测的重要组成部分。

排污单位自行监测是排污单位依据相关法律、法规和技术规范对自身的排污状况开展监测的一系列活动。《中华人民共和国环境保护法》《中华人民共和国大气污染防治法》《中华人民共和国水污染防治法》《中华人民共和国土壤污染防治法》《中华人民共和国固体废物污染环境防治法》《中华人民共和国噪声污染防治法》《中华人民共和国环境保护税法》《排污许可管理条例》都对排污单位的自行监测提出了明确要求。排污单位开展自行监测是法律赋予的责任和义务，也是排污单位自证守法、自我保护的重要手段和途径。

　　为规范和指导储油库、加油站排污单位开展自行监测，2022年4月，生态环境部颁布了《排污单位自行监测技术指南　储油库、加油站》（HJ 1249—2022）（以下简称《储油库、加油站指南》）。为进一步规范排污单位自行监测行为，提高自行监测质量，在生态环境部生态环境监测司的指导下，中国环境监测总站和中国石油集团安全环保技术研究院有限公司共同编写了《排污单位自行监测技术指南教程——储油库、加油站》。本书共分13章。第1章从我国污染源监测的发展历程及管理框架出发，引出了排污单位自行监测在当前污染源监测管理中的定位及一些管理规定，并理顺了《排污单位自行监测技术指南　总则》（HJ 819—2017）与行业自行监测技术指南体系的关系。第2章主要介绍了排污单位开展自行监测的一般要求，从制定监测方案、设置和维护监测设施、开展自行监测、监测质量保证与质量控制及记录和保存监测数据5个方面进行了概述。第3章在分析目前储油库、加油站行业概况和发展趋势的基础上对储油库、加油站的工艺过程及产排污节点进行了分析，并简要介绍了储油库、加油站采用的一些常用污染治理技术。第4章对《储油库、加油站指南》自行监测方案中各监测点位、监测指标、监测频次、监测要求等如何设定进行了解释说明，选取了两个典型案例进行分析，为排污单位制定规范的自行监测方案提供了指导，并在附录中给出了参考模板。第5章简要介绍了开展监测时，排污口、监测平台、自动监测设施等监测设施的设置和维护要求。第6章和第8章分别对《储油库、加油站指南》中废水、废气所涉及的监测指标如何采样、监测分析及注意事项逐一进行了介绍。第 7 章和第 9 章分别对废水、废气自动监测系统设备安装、调试、验收、运行管理及质量保证 5 个方面进行了介绍。第 10 章简要介绍了根据《储油库、加油站指南》开展厂界环境噪声、地表水、近岸海域海水、地下水和土壤等周边环境质量监测时的基本要求和注意事项。第 11 章从实验室体系管理角度出发，从"人、机、料、法、环"等环节对监测的质量保证和质量控制进行了简要概述，为提高自行监测数据质量奠定了基础。第 12 章介绍了自行监测信息记录、报告及信息公开方面的相关要求，并对储油库、加油站生产、运行等过程中的记录信息进行了梳理。第 13 章简要介绍了全国污染源监测数据管理与共享系统的总体架构和主要功能，为排污单位自行监测数据报送提供了方便。

本书在附录中列出了与自行监测相关的标准规范，以方便排污单位在使用时查询。另外，本书还给出了一些记录样表和自行监测方案模板，为排污单位提供参考。

编 者

2024 年 10 月

目　录

第1章　排污单位自行监测定位与管理要求..1

　1.1　我国污染源监测管理框架..1

　1.2　排污单位自行监测的定位..5

　1.3　排污单位自行监测的管理规定..9

　1.4　排污单位自行监测技术指南的定位...14

　1.5　行业技术指南在自行监测技术指南体系中的定位和制定思路............15

第2章　自行监测的一般要求..19

　2.1　制定监测方案..19

　2.2　设置和维护监测设施..22

　2.3　开展自行监测..24

　2.4　监测质量保证与质量控制..30

　2.5　记录和保存监测数据..30

第3章　储油库、加油站行业发展及污染排放状况..................................31

　3.1　行业概况及发展趋势..31

　3.2　污染物排放状况分析..36

　3.3　污染治理技术..43

第 4 章 排污单位自行监测方案的制定 50

4.1 监测方案制定的依据 50

4.2 废水排放监测 51

4.3 废气排放监测 53

4.4 厂界环境噪声监测 59

4.5 周边环境质量影响监测 59

4.6 其他要求 61

4.7 自行监测方案示例 62

第 5 章 监测设施设置与维护要求 70

5.1 基本原则和依据 70

5.2 废水监测点位的确定及排污口规范化设置 71

5.3 废气监测点位的确定及规范化设置 76

5.4 排污口标志牌的规范化设置 88

5.5 排污口规范化的日常管理与档案记录 90

第 6 章 废水手工监测技术要点 91

6.1 流量 91

6.2 现场采样 96

6.3 监测指标测试 105

第 7 章 废水自动监测技术要点 119

7.1 水污染源在线监测系统组成 119

7.2 现场安装要求 121

7.3 调试检测 122

7.4 验收要求 123

7.5　运行管理要求 127

7.6　质量保证要求 129

第 8 章　废气手工监测技术要点 142

8.1　有组织废气监测 142

8.2　无组织废气监测 151

8.3　加油站油气回收系统监测 155

第 9 章　废气自动监测技术要点 160

9.1　在线监测系统基本要求 160

9.2　在线监测系统技术要求 161

9.3　在线监测系统准确性校核方法 171

第 10 章　厂界环境噪声及周边环境影响监测 175

10.1　厂界环境噪声监测 175

10.2　地表水监测 178

10.3　近岸海域海水影响监测 182

10.4　地下水监测 185

10.5　土壤监测 186

10.6　环境空气监测 187

第 11 章　监测质量保证与质量控制体系 190

11.1　基本概念 190

11.2　质量体系 191

11.3　自行监测质控要点 199

第 12 章 信息记录与报告 205

　12.1　信息记录的目的与意义 205

　12.2　信息记录的要求和内容 206

　12.3　生产和污染治理设施运行状况 208

　12.4　工业固体废物产生和处理情况 210

　12.5　信息报告及信息公开 211

第 13 章 自行监测手工数据报送 214

　13.1　自行监测手工数据报送系统总体架构设计 214

　13.2　自行监测手工数据报送系统应用层设计 216

　13.3　自行监测手工数据报送方式和内容 219

　13.4　自行监测信息完善 221

附　录 232

　附录 1　排污单位自行监测技术指南　总则 232

　附录 2　排污单位自行监测技术指南　储油库、加油站 232

　附录 3　自行监测质量控制相关模板和样表 233

　附录 4　自行监测相关标准规范 233

　附录 5　自行监测方案参考模板 233

参考文献 234

第 1 章　排污单位自行监测定位与管理要求

污染源监测作为环境监测的重要组成部分，与我国环境保护工作同步发展，40 多年来不断发展壮大，现已基本形成排污单位自行监测、管理部门监督/执法监测、社会公众监督的框架。排污单位自行监测是国家治理体系和治理能力现代化发展的需要，是排污单位应尽的社会责任，是法律明确要求的义务，也是排污许可制度的重要组成部分。我国关于排污单位自行监测的管理规定有很多，从不同层级和角度对排污单位进行了详细规定。为保证排污单位自行监测制度的实施，指导和规范排污单位自行监测行为，我国制定了排污单位自行监测技术指南体系。《排污单位自行监测技术指南　储油库、加油站》（HJ 1249—2022）（以下简称《储油库、加油站指南》）是其中的一个行业技术指南，是按照《排污单位自行监测技术指南　总则》（HJ 819—2017）（以下简称《总则》）的要求和有关管理规定要求制定的，用于指导储油库、加油站排污单位开展自行监测活动。

本章围绕排污单位自行监测定位和管理要求，对排污单位自行监测在我国污染源监测管理制度中的定位、排污单位自行监测管理要求、排污单位自行监测技术指南的定位及总体思路进行介绍。

1.1　我国污染源监测管理框架

1972 年以来，我国环境保护工作经历了环境保护意识启蒙阶段（1972—1978 年）、环境污染蔓延和环境保护制度建设阶段（1979—1992 年）、环境污染加剧和规模化治理阶段（1993—2001 年）、环保综合治理阶段（2002—2012 年）。集中污染治理，尤其是严格的主要污染物总量控制，有效遏制了环境质量恶化的趋势，但仍未实现环境质量的全面改善。"十三五"以来，我国环境保护思路转向以环境质量改善为核心。

与环境保护工作相适应，我国环境监测大致经历了 3 个阶段：第一阶段是污染调查监测与研究性监测阶段，第二阶段是污染源监测与环境质量监测并重阶段，第三阶段是环境质量监测与污染源监督监测阶段。

根据污染源监测在环境管理中的地位和实施情况，将污染源监测划分为三个阶段：严格的总量控制制度之前（"十一五"之前），污染源监测主要服务于工业污染源调查和环境管理"八项制度"；严格的总量控制制度时期（"十一五"和"十二五"时期），污染源监测围绕着总量控制制度开展总量减排监测；以环境质量改善为核心阶段时期（"十三五"时期以来），污染源监测主要服务丁环境保护执法和排污许可制实施。

目前，我国基本形成了排污单位自行监测、生态环境主管部门依法监管、社会公众监督的污染源监测管理框架（图 1-1），自 2021 年 3 月 1 日起正式实施的《排污许可管理条例》，从法律层面确立了以排污许可制为核心的固定污染源监管制度体系，进一步完善了以排污单位自行监测为主线、政府监督监测为抓手、鼓励社会公众广泛参与的污染源监测管理模式。排污单位开展自行监测，按要求向生态环境主管部门报告，向社会公众进行公开，同时接受生态环境主管部门的监管和社会公众的监督。生态环境主管部门向社会公众公布相关信息的同时受理社会公众对有关情况的举报。

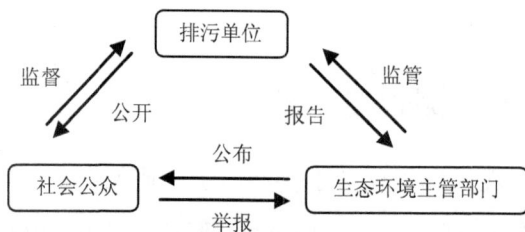

图 1-1　污染源监测管理框架

1.1.1　排污单位开展自行监测，并按照要求进行信息公开

近年来，我国大力推进排污单位自行监测和信息公开，《中华人民共和国环境保护法》《中华人民共和国大气污染防治法》《中华人民共和国水污染防治法》《中华人民共和国环境保护税法》《中华人民共和国土壤污染防治法》《中华人民共和国固体废物污染环境防治法》《中华人民共和国噪声污染防治法》等相关法律中均明确了排污单位自行监测和信息公开的责任。

在具体的生态环境管理制度上，多项制度将排污单位自行监测和信息公开的责任进行落实和明确。2013 年，环境保护部发布了《国家重点监控企业自行监测及信息公开办法（试行）》，将国家重点监控企业自行监测和信息公开率先作为主要污染物总量减排考核的一项指标。2016 年 11 月，国务院办公厅印发了《控制污染物排放许可制实施方案》（国办发〔2016〕81 号），提出控制污染物排放许可制的一项基本原则为："权责清晰，强化监管。排污许可证是企事业单位在生产运营期接受环境监管和环境保护部门实施监管的主要法律文书。企事业单位依法申领排污许可证，按证排污，自证守法。环境保护部门基于企事业单位守法承诺，依法发放排污许可证，依证强化事中事后监管，对违法排污行为实施严厉打击。"

1.1.2　生态环境主管部门组织开展监督/执法监测，实现测管协同

随着各项法律明确了排污单位自行监测的主体地位，管理部门的监测活动更加聚焦于监督和执法。《生态环境监测网络建设方案》（国办发〔2015〕56 号）要求："实现生态环境监测与执法同步。各级环境保护部门依法履行对排污单位的环境监管职责，依托污染源监测开展监管执法，建立监测与监管执法联动快速响应机制，根据污染物排放和自动报警信息，实施现场同步监测与执法。"

《生态环境监测规划纲要（2020—2035 年）》（环监测〔2019〕86 号）（以下简称《纲要》）提出：构建"国家监督、省级统筹、市县承担、分级管理"格局。落实自行监测制度，强化自行监测数据质量监督检查，督促排污单位规范监测、依

证排放，实现自行监测数据真实可靠。建立完善监督制约机制，各级生态环境部门依法开展监督监测和抽查抽测。为落实《纲要》要求，各级生态环境主管部门按照"双随机、一公开"的原则，组织开展执法监测。通过排污单位证后监测监管，加强对排污单位自行监测数据质量和排放状况的监督，指导排污单位自行监测工作的改进，从而更好地提升排污单位自行监测水平。

《关于进一步加强固定污染源监测监督管理的通知》（环办监测〔2023〕5 号）进一步提出，坚持精准治污、科学治污、依法治污，以固定污染源排污许可制为核心，构建排污单位依证监测、政府依法监管、社会共同监督的固定污染源监测监督管理的新格局，为深入打好污染防治攻坚战提供有力支撑。

1.1.3 社会公众参与监督，合力提升污染源监测质量

我国污染源量大面广，仅靠生态环境主管部门的监督远远不够，只有发动群众、实现全民监督，才能使违法排污行为无处遁形。2014 年修订的《中华人民共和国环境保护法》更加明确地赋予了公众环保知情权和监督权："公民、法人和其他组织依法享有获取环境信息、参与和监督环境保护的权利。各级人民政府环境保护主管部门和其他负有环境保护监督管理职责的部门，应当依法公开环境信息、完善公众参与程序，为公民、法人和其他组织参与和监督环境保护提供便利。"

排污单位通过各种方式公开自行监测结果，包括依托排污许可制度及平台、依托地方污染源监测信息公开渠道、通过本单位官方网站和现场环保信息公示牌等。生态环境主管部门监督/执法监测结果也依托排污许可制度及平台、依托地方污染源监测信息公开渠道等方式进行公开。社会公众可通过关注各类监测数据对排污单位及管理部门进行监督，督促排污单位和管理部门提升数据质量。

1.2　排污单位自行监测的定位

1.2.1　开展自行监测是构建政府、企业、社会共治的环境治理体系的需要

（1）构建现代环境治理体系的重大意义和总体要求

生态环境治理体系和治理能力是生态环境保护工作推进的基础支撑。2018 年5 月，习近平总书记在全国生态环境保护大会上强调，要加快建立健全以治理体系和治理能力现代化为保障的生态文明制度体系，确保到 2035 年，生态环境领域国家治理体系和治理能力现代化基本实现，美丽中国目标基本实现；到 21 世纪中叶，生态环境领域国家治理体系和治理能力现代化全面实现，建成美丽中国。

党的十九大报告提出构建政府为主导、企业为主体、社会组织和公众共同参与的环境治理体系。党的十九届四中全会将生态文明制度体系建设作为坚持和完善中国特色社会主义制度、推进国家治理体系和治理能力现代化的重要组成部分并做出安排部署，强调实行最严格的生态环境保护制度，严明生态环境保护责任制度，要求健全源头预防、过程控制、损害赔偿、责任追究的生态环境保护体系，构建以排污许可制为核心的固定污染源监管制度体系，完善污染防治区域联动机制和陆海统筹的生态环境治理体系。2020 年 3 月，中共中央办公厅、国务院办公厅印发了《关于构建现代环境治理体系的指导意见》，提出建立健全环境治理的领导责任体系、企业责任体系、全民行动体系、监管体系、市场体系、信用体系、法律法规政策体系的具体要求。党的二十大报告提出深入推进环境污染防治，坚持精准治污、科学治污、依法治污，全面实行排污许可制，健全现代环境治理体系。

构建现代环境治理体系，是深入贯彻习近平生态文明思想和全国生态环境保护大会精神的重要举措，是持续加强生态环境保护、满足人民日益增长的优美生态环境需要、建设美丽中国的内在要求，是完善生态文明制度体系、推动国家治

理体系和治理能力现代化的重要内容，还将充分展现生态环境治理的中国智慧、中国方案和中国贡献，对全球生态环境治理进程产生重要影响。

坚决落实构建现代环境治理体系，要把握构建现代环境治理体系的总体要求。以习近平新时代中国特色社会主义思想为指导，深入贯彻习近平生态文明思想，坚定不移贯彻新发展理念，以坚持党的集中统一领导为统领，以强化政府主导作用为关键，以深化企业主体作用为根本，以更好动员社会组织和公众共同参与为支撑，实现政府治理和社会调节、企业自治良性互动，完善体制机制，强化源头治理，形成工作合力。

（2）对排污单位自行监测的要求

污染源监测是污染防治的重要支撑，需要各方共同参与。为适应环境治理体系变革的需要，自行监测应发挥相应的作用，补齐短板，提供便利，为社会共治提供条件。

应改变传统生态环境治理模式中污染治理主体监测缺位现象。长期以来，污染源监测以政府部门监督性监测为主，尤其在"十一五""十二五"总量减排时期，监督性监测得到快速发展，每年对国家重点监控企业按季度开展主要污染物监测，而排污单位在污染源监测中严重缺位。2013 年，为了解决单纯依靠环境保护部门有限的人力和资源难以全面掌握企业污染源状况的问题，环境保护部组织编制了《国家重点监控企业自行监测及信息公开办法（试行）》，大力推进企业开展自行监测。2014 年以来，多部生态环境保护相关法律明确了排污单位自行监测的责任和要求。但是，自行监测数据的法定地位以及如何在环境管理中应用并没有明确，自行监测数据在环境管理中的应用更是不足，并没有从根本上解决排污单位在环境治理体系中监测缺位的问题。新的环境治理体系应改变这一现状，使自行监测数据得到充分应用，这样才能保持多方参与的生命力和活力。

为公众提供便于获取、易于理解的自行监测信息。公众是社会共治环境治理体系的重要主体，公众参与的基础是及时获取信息，自行监测数据是反映排放状况的重要信息。社会的变革为公众参与提供了外在便利条件，为了提高自行监测在环境治理体系中的作用，要充分利用自媒体、社交媒体等各种先进、便利的条件，为公众提供便于获取、易于理解的自行监测数据和基于数据加工而成的相关信息，为公众高效参与提供重要依据。

1.2.2　开展自行监测是社会责任和法定义务

企业是生产活动的组织者、实施者，是社会财富的创造者，企业在追求利润的同时，向社会提供了产品，满足了人民的日常所需，推进了社会的进步。当然，在当代社会，由于企业是社会中普遍存在的社会经济组织，其数量众多、类型各异、存在范围广、对社会影响大。在这种情况下，社会的发展不仅要求企业承担生产经营和创造财富的义务，还要求其承担环境保护、社区建设和消费者权益维护等多方面的责任，这也是企业的社会责任。企业社会责任具有道义责任的属性和法律义务的属性。法律作为一种调整人们行为的规则，其调整作用是通过设置权利义务实现的。因而，法律义务并非一种道义上的宣示，其有具体的、明确的规则指引人的行为。基于此，企业社会责任一旦进入环境法视域，即被分解为具体的法律义务。

企业开展排污状况自行监测是法定的责任和义务。《中华人民共和国环境保护法》第四十二条明确提出，"重点排污单位应当按照国家有关规定和监测规范安装使用监测设备，保证监测设备正常运行，保存原始监测记录"；第五十五条要求，"重点排污单位应当如实向社会公开其主要污染物的名称、排放方式、排放浓度和总量、超标排放情况，以及防治污染设施的建设和运行情况，接受社会监督"。《中华人民共和国大气污染防治法》《中华人民共和国水污染防治法》《中华人民共和国环境保护税法》《中华人民共和国土壤污染防治法》《中华人民共和国固体废物污染环境防治法》等相关法律中也有排污单位自行监测的相关要求。

1.2.3　开展自行监测是自证守法和自我保护的重要手段和途径

排污许可制度是固定污染源核心管理制度，其明确了排污单位自证守法的权利和责任，排污单位可以通过以下途径进行"自证"。一是依法开展自行监测，保证数据合法有效，妥善保存原始记录；二是建立准确完整的环境管理台账，记录能够证明其排污状况的相关信息，形成一套完整的证据链；三是定期、如实向生态环境主管部门报告排污许可证执行情况。可以看出，自行监测贯穿自证守法的全过程，是自证守法的重要手段和途径。

首先，排污单位被允许在标准限值下排放污染物，排放状况应该透明公开且合规。随着管理模式的改变，管理部门不对企业全面开展监测，仅对企业进行抽查抽测。排污单位对排放状况进行说明时，需要开展自行监测。

其次，一旦出现排污单位向管理部门出具的监测数据或其他证明材料被质疑的情况，或者排污单位对公众举报等相关信息提出异议时，就需要出具自身排污状况的相关材料进行证明，而自行监测数据是非常重要的证明材料。

最后，自行监测可以对自身排污状况定期监控，也可以对周边环境质量影响进行监测，及时掌握实际排污状况和对周边环境质量的影响，了解周边环境质量的变化趋势和承受能力，可以及时识别潜在的环境风险，以便提前应对，避免引起更大的、无法挽救的环境事故或对人民群众、生态环境和排污单位自身造成巨大损害和损失。

1.2.4　开展自行监测是排污许可制度的重要组成部分

《控制污染物排放许可制实施方案》（国办发〔2016〕81 号）明确了排污单位应实行自行监测和定期发布报告。《排污许可管理条例》第十九条规定："排污单位应当按照排污许可证规定和有关标准规范，依法开展自行监测，并保存原始监测记录。原始监测记录保存期限不得少于 5 年。排污单位应当对自行监测数据的真实性、准确性负责，不得篡改、伪造。"

因此，自行监测既是有明确法律法规要求的一项管理制度，也是固定污染源基础与核心管理制度——排污许可制度的重要组成部分。

1.2.5　开展自行监测是精细化管理与大数据时代信息输入与信息产品输出的需要

随着环境管理向精细化发展，强化数据应用、根据数据分析识别潜在的环境问题，作出更加科学精准的环境管理决策是环境管理面临的重大命题。大数据时代信息化水平的提升，为监测数据的加工分析提供了条件，也对数据输入提出了更高要求。

自行监测数据承载了大量污染排放和治理信息，然而这些信息长期以来并没有得到充分的收集和利用，这是生态环境大数据中缺失的一项重要信息源。通过收集各类污染源长时间的监测数据，对同类污染源监测数据进行统计分析，可以更全面地判定污染源的实际排放水平，从而为制定排放标准和产排污系数提供科学依据。另外，通过监测数据与其他数据的关联分析，还能获得更多、更有价值的信息，为环境管理提供更有力的支撑。

1.3　排污单位自行监测的管理规定

我国现行法律法规、管理办法中有很多涉及排污单位自行监测的管理规定，具体见表 1-1。

表 1-1　我国现行与排污单位自行监测相关的法律法规和管理规定

名称	颁布机关	实施时间	主要相关内容
《中华人民共和国海洋环境保护法》	全国人民代表大会常务委员会	2024 年 1 月 1 日	规定了排污单位应当依法公开排污信息
《中华人民共和国水污染防治法》	全国人民代表大会常务委员会	2008 年 6 月 1 日	规定了实行排污许可管理的企业事业单位和其他生产经营者应当对所排放的水污染物自行监测，并保存原始监测记录，排放有毒有害水污染物的还应开展周边环境监测，上述条款均设有对应罚则

名称	颁布机关	实施时间	主要相关内容
《中华人民共和国环境保护法》	全国人民代表大会常务委员会	2015年1月1日	规定了重点排污单位应当安装使用监测设备，保证监测设备正常运行，保存原始监测记录，并进行信息公开
《中华人民共和国大气污染防治法》	全国人民代表大会常务委员会	2016年1月1日	规定了企业事业单位和其他生产经营者应当对大气污染物进行监测，并保存原始监测记录
《中华人民共和国环境保护税法》	全国人民代表大会常务委员会	2018年1月1日	规定了纳税人按季申报缴纳时，向税务机关报送所排放应税污染物浓度值
《中华人民共和国土壤污染防治法》	全国人民代表大会常务委员会	2019年1月1日	规定了土壤污染重点监管单位应制定、实施自行监测方案，并将监测数据报生态环境主管部门
《中华人民共和国固体废物污染环境防治法》	全国人民代表大会常务委员会	2020年9月1日	规定了产生、收集、贮存、运输、利用、处置固体废物的单位，应当依法及时公开固体废物污染环境防治信息，主动接受社会监督。生活垃圾处理单位应当按照国家有关规定，安装使用监测设备，实时监测污染物的排放情况，将污染排放数据实时公开。监测设备应当与所在地生态环境主管部门的监控设备联网
《中华人民共和国刑法修正案（十一）》	全国人民代表大会常务委员会	2021年3月1日	规定了环境监测造假的法律责任
《中华人民共和国噪声污染防治法》	全国人民代表大会常务委员会	2022年6月5日	规定了实行排污许可管理的单位应当按照规定，对工业噪声开展自行监测，保存原始监测记录，向社会公开监测结果，对监测数据的真实性和准确性负责。噪声重点排污单位应当按照国家规定，安装、使用、维护噪声自动监测设备，与生态环境主管部门的监控设备联网
《城镇排水与污水处理条例》	国务院	2014年1月1日	规定了排水户应按照国家有关规定建设水质、水量检测设施
《中华人民共和国环境保护税法实施条例》	国务院	2018年1月1日	规定了未安装自动监测设备的纳税人，自行对污染物进行监测且所获取的监测数据符合国家有关规定和监测规范的，视同监测机构出具的监测数据，可作为计税依据

名称	颁布机关	实施时间	主要相关内容
《排污许可管理条例》	国务院	2021 年 3 月 1 日	规定了持证单位自行监测责任，管理部门依证监管责任
《最高人民法院、最高人民检察院关于办理环境污染刑事案件适用法律若干问题的解释》	最高人民法院、最高人民检察院	2023 年 8 月 15 日	规定了重点排污单位篡改、伪造自动监测数据或者干扰自动监测设施的视为严重污染环境，并依据《中华人民共和国刑法》的有关规定予以处罚
《环境监测管理办法》	环境保护总局	2007 年 9 月 1 日	规定了排污者必须按照国家及技术规范的要求，开展排污状况自我监测；不具备环境监测能力的排污者，应当委托环境保护部门所属环境监测机构或者经省级环境保护部门认定的环境监测机构进行监测
《污染源自动监控设施现场监督检查办法》	环境保护部	2012 年 4 月 1 日	规定了：①排污单位或运营单位应当保证自动监测设备正常运行；②污染源自动监控设施发生故障停运期间，排污单位或者运营单位应当采用手工监测等方式，对污染物排放状况进行监测，并报送监测数据
《关于加强污染源环境监管信息公开工作的通知》	环境保护部	2013 年 7 月 12 日	规定了各级环保部门应积极鼓励引导企业进一步增强社会责任感，主动自愿公开环境信息。同时严格督促超标或者超总量的污染严重企业，以及排放有毒有害物质的企业主动公开相关信息，对不依法主动公布或不按规定公布的要依法严肃查处
《关于印发〈国家重点监控企业自行监测及信息公开办法（试行）〉和〈国家重点监控企业污染源监督性监测及信息公开办法（试行）〉的通知》	环境保护部	2014 年 1 月 1 日	规定了企业开展自行监测及信息公开的各项要求，包括自行监测内容、自行监测方案，对手工监测和自动监测两种方式开展的自行监测分别提出了监测频次要求，自行监测记录内容，自行监测年度报告内容，自行监测信息公开的途径、内容及时间要求等

名称	颁布机关	实施时间	主要相关内容
《环境保护主管部门实施限制生产、停产整治办法》	环境保护部	2015年1月1日	规定了被限制生产的排污者在整改期间按照环境监测技术规范进行监测或者委托有条件的环境监测机构开展监测，保存监测记录，并上报监测报告
《生态环境监测网络建设方案》	国务院办公厅	2015年7月26日	规定了重点排污单位必须落实污染物排放自行监测及信息公开的法定责任，严格执行排放标准和相关法律法规的监测要求
《关于支持环境监测体制改革的实施意见》	财政部、环境保护部	2015年11月2日	规定了落实企业主体责任，企业应依法自行监测或委托社会化检测机构开展监测，及时向环保部门报告排污数据，重点企业还应定期向社会公开监测信息
《关于加强化工企业等重点排污单位特征污染物监测工作的通知》	环境保护部	2016年9月20日	规定了：①化工企业等排污单位应制定自行监测方案，对污染物排放及周边环境开展自行监测，并公开监测信息；②监测内容应包含排放标准的规定项目和涉及的列入污染物名录库的全部项目；③监测频次，自动监测的应全天连续监测，手工监测的，废水特征污染物监测每月开展一次，废气特征污染物监测每季度开展一次，周边环境监测按照环评及其批复执行，可根据实际情况适当增加监测频次
《控制污染物排放许可制实施方案》	国务院办公厅	2016年11月10日	规定了企事业单位应依法开展自行监测，安装或使用的监测设备应符合国家有关环境监测、计量认证规定和技术规范，建立准确完整的环境管理台账，安装在线监测设备的应与环境保护部门联网
《关于实施工业污染源全面达标排放计划的通知》	环境保护部	2016年11月29日	规定了：①各级环保部门应督促、指导企业开展自行监测，并向社会公开排放信息；②对超标排放的企业要督促其开展自行监测，加大对超标因子的监测频次，并及时向环保部门报告；③企业应安装和运行污染源在线监控设备，并与环保部门联网

名称	颁布机关	实施时间	主要相关内容
《关于深化环境监测改革　提高环境监测数据质量的意见》	中共中央办公厅、国务院办公厅	2017 年 9 月 21 日	规定了环境保护部要加快完善排污单位自行监测标准规范；排污单位要开展自行监测，并按规定公开相关监测信息，对弄虚作假行为要依法处罚；重点排污单位应当建设污染源自动监测设备，并公开自动监测结果
《企业环境信息依法披露管理办法》	生态环境部	2022 年 2 月 8 日	规定了企业（包括重点排污单位）应当依法披露环境信息，包括企业自行监测信息等
《关于加强排污许可执法监管的指导意见》	生态环境部	2022 年 3 月 28 日	规定了排污单位应当提高自行监测质量，确保申报材料、环境管理台账记录、排污许可证执行报告、自行监测数据的真实、准确和完整，依法如实在全国排污许可证管理信息平台上公开信息，不得弄虚作假，自觉接受监督
《污染物排放自动监测设备标记规则》	生态环境部	2022 年 7 月 19 日	排污单位应当按照相关自动监测数据标记规则对产生自动监测数据的相应时段进行标记。排污单位是审核确认自动监测数据有效性的责任主体，应当按照《设备标记规则》确认自动监测数据的有效性。排污单位的自动监测数据向社会公开时，数据标记内容应当同时公开
《环境监管重点单位名录管理办法》	生态环境部	2023 年 1 月 1 日	环境监管重点单位应当依法履行自行监测、信息公开等生态环境法律义务，采取措施防治环境污染，防范环境风险
《关于进一步加强固定污染源监测监督管理的通知》	生态环境部	2023 年 3 月 8 日	规定了生态环境部门要加强排污单位自行监测监管，督促持证排污单位按照排污许可证要求，规范开展自行监测，并公开监测结果；督促重点排污单位、实行排污许可重点管理的排污单位，依法依规安装运维自动监测设备，并于生态环境部门联网；强化排污许可管理、环境监测、环境执法联动，形成管理闭环

注：截至 2024 年 10 月 30 日。

1.4 排污单位自行监测技术指南的定位

1.4.1 排污许可制度配套的技术支撑文件

排污许可制度是各国普遍采用的控制污染的法律制度。从美国等发达国家实施排污许可制度的经验来看，监督检查是排污许可制度实施效果的重要保障；污染源监测是监督检查的重要组成部分和基础；自行监测是污染源监测的主体形式，其管理备受重视，并作为重要的内容在排污许可证中载明。

我国当前推行的排污许可制度明确了企业应"自证守法"，其中自行监测是排污单位自证守法的重要手段和方法。只有在特定监测方案和要求下的监测数据才能够支撑排污许可"自证"的要求。因此，在排污许可制度中，自行监测要求是必不可少的一部分。

重点排污单位自行监测法律地位得到明确，自行监测制度初步建立，而自行监测的有效实施还需要有配套的技术文件作为支撑，排污单位自行监测技术指南是基础且重要的技术指导性文件。因此，制定排污单位自行监测技术指南是落实相关法律法规的需要。

1.4.2 对现有标准和管理文件中关于排污单位自行监测规定的补充

对每个排污单位来说，生产工艺产生的污染物、不同监测点位执行排放标准和控制指标、环评报告要求的内容都有不同的情况及独特内容。虽然各种监测技术标准与规范已从不同角度对排污单位的监测内容作出了规定，但不够全面。

为提高监测效率，应针对不同排放源污染物排放特性确定监测要求。监测是污染排放监管必不可少的技术支撑，具有重要的意义，但是监测是需要成本的，应在监测效果和成本之间寻找合理的平衡点。"一刀切"的监测要求必然会造成部分排放源监测要求过高，从而造成浪费；或者对部分排放源要求过低，从而达不

到监管要求。因此，需要专门的技术文件，对排污单位监测要求进行系统分析和设计，使监测更精细化，从而提高监测效率。

1.4.3　对排污单位自行监测行为指导和规范的技术要求

我国自 2014 年起开始推行《国家重点监控企业自行监测及信息公开办法（试行）》，从实施情况来看存在诸多问题，需要加强对排污单位自行监测行为的指导和规范。

与环境质量监测相比，污染源监测涉及的行业较多，监测内容更复杂。我国目前仅国家污染物排放标准就有近 200 项，且数量还在持续增加；省级人民政府依法制定并报生态环境部备案的地方污染物排放标准也有 100 多项，数量也在不断增加。排放标准中的控制项目种类繁杂，水、气污染物排放标准均在 100 项以上。

由于国家发布的有关规定必须有普适性和原则性的特点，因此排污单位在开展自行监测过程中如何结合企业具体情况合理确定监测点位、监测项目和监测频次等实际问题时存在诸多疑问。

生态环境部在对全国各地区自行监测及信息公开平台的日常监督检查及现场检查等工作中发现，部分排污单位存在自行监测方案内容不完善、监测活动不规范、监测数据质量不高等问题，为解决排污单位在自行监测过程中遇到的问题，需要进一步加强对排污单位自行监测的工作指导和规范行为，建立和完善排污单位自行监测相关规范内容，因此有必要制定自行监测技术指南，进一步明确和细化自行监测要求。

1.5　行业技术指南在自行监测技术指南体系中的定位和制定思路

1.5.1　自行监测技术指南体系

排污单位自行监测技术指南体系以《总则》为统领，包括一系列重点行业排

污单位自行监测技术指南、若干通用工序自行监测技术指南以及 1 个环境要素自行监测技术指南，共同组成排污单位自行监测技术体系，见图 1-2。

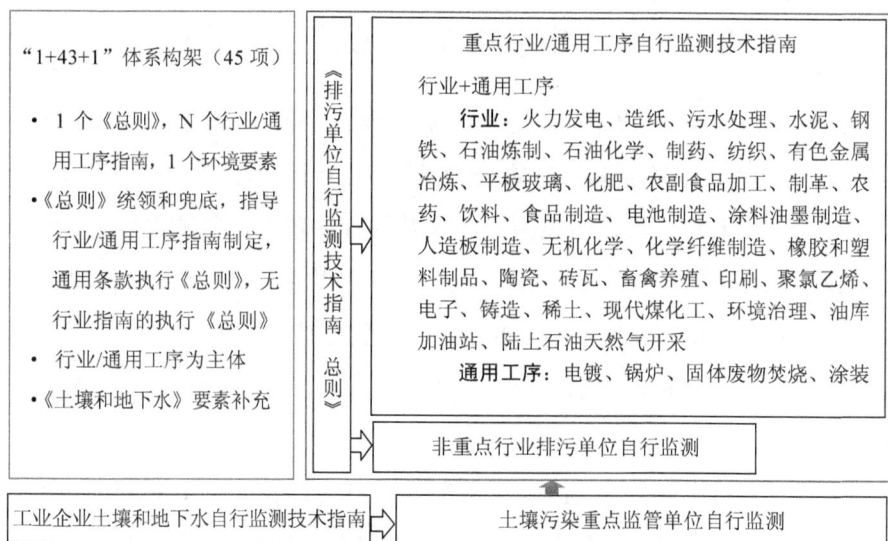

图 1-2 排污单位自行监测技术指南体系

《总则》在排污单位自行监测指南体系中属于纲领性文件，起到统一思路和要求的作用。第一，对行业技术指南总体性原则进行规定，是行业技术指南的参考性文件；第二，对于行业技术指南中必不可少但要求比较一致的内容，可以在《总则》中体现，在行业技术指南中加以引用，既保证一致性，也减少重复；第三，对于部分污染差异大、企业数量少的行业，单独制定行业技术指南意义不大，这类行业排污单位可以参照《总则》开展自行监测。行业技术指南未发布的，也应参照《总则》开展自行监测。

1.5.2　行业排污单位自行监测技术指南是对《总则》的细化

行业排污单位自行监测技术指南是在《总则》的统一原则要求下，考虑该行业企业所有废水、废气、噪声污染源的监测活动，在指南中进行统一规定。行业

排污单位自行监测技术指南的核心内容主要包括以下两个方面：

（1）明确行业的监测方案。首先明确行业的主要污染源、各污染源的主要污染因子。针对各污染源的各污染因子提出监测方案设置的基本要求，包括监测点位、监测指标、监测频次、监测技术等。

（2）明确数据记录、报告和公开要求。根据行业特点，参照各参数或指标与校核污染物排放的相关性，提出监测相关数据记录要求。

除了行业排污单位自行监测技术指南中规定的内容，还应执行《总则》的要求。

1.5.3　储油库、加油站自行监测技术指南制定原则与思路

1.5.3.1　以《总则》为指导，根据行业特点进行细化

《储油库、加油站指南》的主体内容以《总则》为指导，根据《总则》中确定的基本原则和方法，在对储油库、加油站产排污环节进行分析的基础上，结合储油库、加油站实际的排污特点，将储油库、加油站监测方案、信息记录的内容具体化和明确化。

1.5.3.2　以污染物排放标准为基础，全指标覆盖

污染物排放标准规定的内容是行业自行监测技术指南制定的重要基础。在确定污染物指标时，《储油库、加油站指南》主要以当前实施的、适用于储油库、加油站的污染物排放标准为依据。同时，根据实地调研以及相关数据分析结果，对实际排放的或地方实际监管的污染物指标进行适当的考虑，在标准中列明，但标明为选测，或由排污单位根据实际监测结果判定是否排放，若实际生产中排放，则应进行监测。

1.5.3.3 以满足排污许可制度实施为主要目标

《储油库、加油站指南》的制定以能够满足支撑储油库、加油站排污单位排污许可制度实施为主要目标。

由于储油库、加油站储存销售油品、储运工艺、规模不同，实际存在的废气排放源存在差异，储油库、加油站排污许可证申请与核发技术规范中将常见的废气排放源及储油库废水排放源纳入管控。《储油库、加油站指南》以排放标准为技术依据，对常见的废气排放源及储油库废水排放源的监测点位、监测指标、监测频次进行了规定。

排污许可制度对主要污染物提出排放量许可限值，对其他污染物仅有浓度限值要求。为了支撑排污许可制度实施对排放量核算的需求，有排放量许可限值的污染物，监测频次一般高于其他污染物。

第 2 章 自行监测的一般要求

按照开展自行监测活动的一般流程，排污单位应查清本单位的污染源、污染物指标及潜在的环境影响，制定监测方案，设置和维护监测设施，按照监测方案开展自行监测，做好质量保证和质量控制，记录和保存监测数据，依法向社会公开监测结果。

本章围绕排污单位自行监测流程中的关键节点，对其中的关键问题进行介绍。制定监测方案时，应重点保证监测内容、监测指标、监测频次的全面性、科学性，确保监测数据的代表性，这样才能全面反映排污单位的实际排放状况；设置和维护监测设施时，应能够满足监测要求，同时为监测的开展提供便利条件；自行监测开展过程中，应根据本单位实际情况自行监测或者委托有资质的单位开展监测，所有监测活动要严格按照监测技术规范执行；开展监测的过程中，应做好质量保证和质量控制，确保监测数据质量；监测信息记录与公开时，应保证监测过程可溯，同时按要求报送和公开监测结果，接受管理部门和公众的监督。

2.1 制定监测方案

2.1.1 自行监测内容

排污单位自行监测不仅限于污染物排放监测，还应该围绕能够说清楚本单位污染物排放状况、污染治理情况、对周边环境质量影响监测状况来确定监测内容。但考虑到排污单位自行监测的实际情况，排污单位可根据管理要求，逐步开展自行监测。

2.1.1.1　污染物排放监测

污染物排放监测是排污单位自行监测的基本要求，包括废气污染物、废水污染物和噪声污染监测。废气污染物监测，包括对有组织排放废气污染物和无组织排放废气污染物的监测。废水污染物监测可根据废水对水环境的影响程度来确定，而废水对水环境的影响程度主要取决于排放去向，即直接排入环境（直接排放）和排入公共污水处理系统（间接排放）两种方式。噪声污染监测一般是指厂界环境噪声监测。

2.1.1.2　周边环境质量影响监测

排污单位应根据自身排放对周边环境质量的影响开展周边环境质量影响状况监测，从而掌握自身排放状况对周边环境质量影响的实际情况和变化趋势。

《中华人民共和国大气污染防治法》第七十八条规定，排放前款名录中所列有毒有害大气污染物的企业事业单位，应当按照国家有关规定建设环境风险预警体系，对排放口和周边环境定期进行监测，评估环境风险，排查环境安全隐患，并采取有效措施防范环境风险。《中华人民共和国水污染防治法》第三十二条规定，排放前款名录中所列有毒有害水污染物的企业事业单位和其他生产经营者，应当对排污口和周边环境进行监测，评估环境风险，排查环境安全隐患，并公开有毒有害水污染物信息，采取有效措施防范环境风险。

目前，我国已发布第一批有毒有害大气污染物名录和有毒有害水污染物名录。第一批有毒有害大气污染物包括二氯甲烷、甲醛、三氯甲烷、三氯乙烯、四氯乙烯、乙醛、镉及其化合物、铬及其化合物、汞及其化合物、铅及其化合物、砷及其化合物。第一批有毒有害水污染物包括二氯甲烷、三氯甲烷、三氯乙烯、四氯乙烯、甲醛、镉及镉化合物、汞及汞化合物、六价铬化合物、铅及铅化合物、砷及砷化合物。因此，排污单位可根据本单位实际情况，自行确定监测指标和内容。

对于污染物排放标准、环境影响评价文件及其批复或其他环境管理制度有明确要求的，排污单位应按照要求对其周边相应的空气、地表水、地下水、土壤等环境质量开展监测。对于相关管理制度没有明确要求的，排污单位应依据《中华人民共和国大气污染防治法》《中华人民共和国水污染防治法》的要求，根据实际情况确定是否开展周边环境质量影响监测。

2.1.1.3　关键工艺参数监测

污染物排放监测需要专门的仪器设备、人力及物力，经济成本较高。污染物排放状况与生产工艺、设备参数等相关指标具有一定的关联性，而对这些工艺或设备相关参数的监测，有些是生产过程中必须开展的，有些虽然不是生产过程中必须监测的指标，但开展监测相对容易，成本较低。因此，在部分排放源或污染物指标监测成本相对较高、难以实现高频次监测的情况下，可以通过对与污染物产生和排放密切相关的关键工艺参数进行测试以补充污染物排放监测数据。

2.1.1.4　污染治理设施处理效果监测

有些排放标准对污染治理设施处理效果有限值要求，这就需要通过监测结果对处理效果进行评价。另外，有些情况下，排污单位需要掌握污染处理设施的处理效果，从而可以更好地调试生产和污染治理设施。因此，若污染物排放标准等环境管理文件对污染治理设施有特别要求的，或排污单位认为有必要的，应对污染治理设施处理效果进行监测。

2.1.2　自行监测方案内容

排污单位应当对本单位污染源排放状况进行全面梳理，分析潜在的环境风险，根据自行监测方案制定能够反映本单位实际排放状况的监测方案，以此作为开展自行监测的依据。

监测方案内容包括单位基本情况、监测点位及示意图、监测指标、执行标准及其限值、监测频次、采样和样品保存方法、监测分析方法和仪器、质量保证与质量控制等。

所有按照规定开展自行监测的排污单位，在投入生产或使用并产生实际排污行为之前，应完成自行监测方案的编制及相关准备工作。一旦发生排污行为，就应按照监测方案开展监测活动。

当有以下情况发生时，应变更监测方案：执行的排放标准发生变化；排放口位置、监测点位、监测指标、监测频次、监测技术中的任意一项内容发生变化；污染源、生产工艺或处理设施发生变化。

2.2　设置和维护监测设施

开展监测必须有相应的监测设施。为了保证监测活动正常开展，排污单位应按照规定设置满足监测所需要的设施，并定期对监测设施进行维护，保证监测设施正常运行。

2.2.1　监测设施应符合监测规范要求

开展废水、废气污染物排放监测，应保证现场设施条件符合相关监测方法或技术规范的要求，确保监测数据的代表性。因此，废水排放口、废气监测断面及监测孔的设置都有相应的要求，要保证水流、气流不受干扰且混合均匀，采样点位的监测数据能够反映监测时污染物排放的实际情况。

我国废水、废气监测相关标准规范中规定了监测设施必须满足的条件，排污单位可根据具体的监测项目，对照监测方法标准和技术规范确定监测设施的具体设置要求。《排污口规范化整治技术要求（试行）》（环监〔1996〕470 号）对排污口规范化整治技术提出了总体要求，部分省（自治区、直辖市）也对其辖区排污口的规范化管理发布了技术规定和标准,对排污单位监测设施设置要求予以明确。如北京市出台的《固定污染源监测点位设置技术规范》(DB 11/1195—2015)、山东省出台的《固定污染源废气监测点位设置技术规范》(DB37/T 3535—2019)、中国环境保护产业协会发布的《固定污染源废气排放口监测点位设置技术规范》(T/CAEPI 46—2022),对固定污染源监测点位监测设施设置规范进行了全面规定,这也可以作为排污单位设置监测设施的重要参考。总体来说,相关标准规范对监测设施的规定比较零散、不够系统。

2.2.2　监测平台应便于开展监测活动

开展监测活动时需要一定的空间,有时还需要可供仪器设备使用的直流供电,因此排污单位应设置方便开展监测活动的平台,具体包括以下要求:一是到达监测平台要方便,可以随时开展监测活动;二是监测平台的空间要足够大,能够保证各类监测设备摆放和人员活动;三是监测平台要备有需要的电源等辅助设施,确保监测活动开展所必需的各类仪器设备和辅助设备能够正常工作。

2.2.3　监测平台应能保证监测人员的安全

在开展监测活动的同时,必须保证监测人员的人身安全,因此监测平台要设有必要的防护设施。一是高空监测平台周边要有能够保障人员安全的围栏,监测平台底部的空隙不应过大;二是监测平台附近有造成人体机械伤害、灼烫、腐蚀、触电等危险源的,应在平台相应位置设置防护装置;三是监测平台上方有坠落物体隐患时,应在监测平台上方设置防护装置;四是排放剧毒、致癌物及对人体有严重危害物质的监测点位,应储备相应的安全防护装备。所有围栏、底板、防护装置使用的材料要符合相关质量要求,能够承受预估的最大冲击力,从而保障监测人员的安全。

2.2.4　废水排放量大于 100 t/d 的，应安装自动测流设施并开展流量自动监测

废水流量监测是废水污染物监测的重要内容。从某种程度上说，流量监测比污染物浓度监测更重要。流量监测易受环境影响、监测结果存在一定的不确定性是国际上普遍存在的技术问题。但总体来看，流量监测技术日趋成熟，既能够满足各种流量监测需要，也能满足自动测流的需要。废水流量的监测方法有多种，根据废水排放形式，分为电磁流量计监测和明渠流量计监测两种。其中，电磁流量计适用于管道排放，对流量范围的适用性较广。明渠流量计中，三角堰适用于流量较小的情况，监测范围低至 1.08 m³/h 即能够满足 30 t/d 的排放量。根据环境统计数据，目前全国废水排放量大于 30 t/d 的企业约有 7.5 万家，约占企业总数的79%；废水排放量大于 50 t/d 的企业约有 6.7 万家，约占企业总数的71%；废水排放量大于 100 t/d 的企业约有 5.7 万家，约占企业总数的60%。从监测技术稳定性和当前基础来看，建议废水排放量大于 100 t/d 的企业采取自动测流的方式。

2.3　开展自行监测

2.3.1　自行监测开展方式

在监测组织方式上，开展监测活动时可以选择依托自有人员、设备、场地自行开展监测，也可以委托有资质的社会化检测机构开展监测。在监测技术手段上，无论是自行监测还是委托监测，都可以采用手工监测和自动监测的方式。排污单位自行监测活动开展方式选择流程如图 2-1 所示。

排污单位首先根据自行监测方案明确需要开展监测的点位、项目、频次，在此基础上根据不同监测项目的监测要求分析本单位是否具备开展自行监测的条件。具备监测条件的项目，可选择自行监测或委托监测；不具备监测条件的项目，

排污单位可根据自身实际情况，决定是否提升自身监测能力，以满足自行监测的条件。通过筹建实验室、购买仪器、聘用人员等方式满足自行开展监测条件的，可以选择自行监测。若排污单位委托社会化检测机构开展监测，需要按照不同监测项目检查拟委托的社会化检测机构是否具备承担委托监测任务的条件。若拟委托的社会化检测机构符合条件，则可委托社会化检测机构开展监测；若不符合条件，则应更换具备条件的社会化检测机构承担相应的监测任务。由此来说，排污单位自行监测有 3 种方式：全部自行监测、全部委托监测、部分自行监测部分委托监测。同一排污单位针对不同监测项目，可委托多家社会化检测机构开展监测。

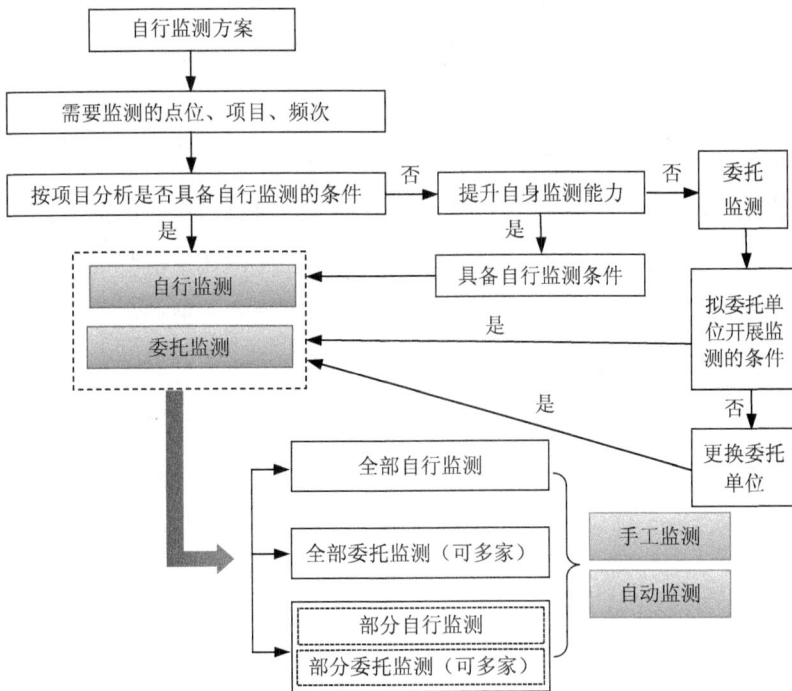

图 2-1　排污单位自行监测活动开展方式选择流程

无论是自行开展监测还是委托监测，都应当按照自行监测方案要求，确定各监测点位、监测项目的监测技术手段。对于明确要求开展自动监测的点位及项目，应采用自动监测的方式。其他点位和项目可根据排污单位实际情况，确定是否采用自动监测的方式。若采用自动监测的方式，应该按照相应技术规范的要求，定期采用手工监测方式进行校验。不采用自动监测的项目，应采用手工监测方式开展监测。

2.3.2　监测活动开展一般要求

监测活动开展的技术依据是监测技术规范。除了监测方法中的规定，我国还有一些系统性的监测技术规范对监测全过程或者专门针对监测的某个方面进行了规定。为了保证监测数据准确、可靠，能够客观反映实际情况，无论是自行开展监测，还是委托其他社会化检测机构开展监测，都应该按照国家发布的环境监测标准、技术规范来开展。

开展监测活动的机构和人员由排污单位根据实际情况决定。排污单位可根据自身条件和能力，利用自有人员、场所和设备自行监测，排污单位自行开展监测时不需要通过国家的实验室资质认定，目前国家层面不要求检测报告必须加盖中国质量认证（CMA）印章。个别或者全部项目不具备自行监测能力时，也可委托其他有资质的社会化检测机构代其开展。

无论是排污单位自行监测，还是委托社会化检测机构开展监测，排污单位都应对自行监测数据的真实性负责。如果社会化检测机构未按照相应环境监测标准、技术规范开展监测，或者存在造假等行为，排污单位可以依据相关法律法规和委托合同条款追究所委托的社会化检测机构的责任。

2.3.3　监测活动开展应具备的条件

2.3.3.1　自行监测应具备的条件

自行开展监测活动的排污单位，应具备开展相应监测项目的能力，主要从以下几个方面考虑。

（1）人员

监测人员是指与生态环境监测工作相关的技术管理人员、质量管理人员、现场测试人员、采样人员、样品管理人员、实验室分析人员（包括样品前处理等辅助岗位人员）、数据处理人员、报告审核人员和授权签字人等各类专业技术人员的总称。

排污单位应设置承担环境监测职责的机构，落实环境监测经费，赋予相应的工作定位和职能，配备相应能力水平的生态环境监测技术人员。排污单位中开展自行监测工作人员的数量、专业技术背景、工作经历、监测能力要与所开展的监测活动相匹配。建议中级及以上专业技术职称或同等能力的人员数量不少于总数的 15%。

排污单位应与其监测人员建立固定的劳动关系，明确岗位职责、任职要求和工作关系，使其满足岗位要求并具有所需的权力和资源，履行建立、实施、保持和持续改进管理体系的职责。

排污单位监测机构最高管理者应组织和负责管理体系的建立和有效运行。排污单位应对操作设备、监测、签发监测报告等人员进行能力确认，由熟悉监测目的、程序、方法和结果评价的人员对监测人员进行质量监督。排污单位应制订人员培训计划，明确培训需求和实施人员培训，并评价培训活动的有效性。排污单位应保留技术人员的相关资质、能力确认、授权、教育、培训和监督的记录。

开展自行监测的相关人员应结合岗位设定，熟悉和掌握环境保护基础知识、法律法规、相关质量标准和排放标准、监测技术规范及有关化学安全和防护等知识。

（2）场所环境

排污单位应按照监测标准或技术规范，对现场监测或采样时的环境条件和安全保障条件予以关注，如监测或采样位置、电力供应、安全性等是否能保证监测人员安全以及监测过程的规范性。

实验室宜集中布置，做到功能分区明确、布局合理、互不干扰，对于有温度及湿度控制要求的实验室，建筑设计应采取相应技术措施；实验室应有相应的安全消防保障措施。

实验室设计必须执行国家现行有关安全、卫生及环境保护法规和规定，对限制人员进入的实验区域应在其显眼区域设置警告装置或标志。

凡是空间内含有对人体有害的气体、蒸气、气味、烟雾、挥发性物质的实验室，应设置通风柜，实验室需维持负压，向室外排风时必须经特殊过滤；凡是经常使用强酸、强碱，以及有化学品烧伤风险的实验室，应在出口就近设置应急喷淋器和应急洗眼器等装置。

实验室用房一般照明的照度均匀，其最低照度与平均照度之比不宜小于 0.7。微生物实验室宜设置紫外灭菌灯，其控制开关应设在门外并与一般照明灯具的控制开关分开安装。

对影响监测结果的环境条件，应制定相应的标准文件。如果规范、方法和程序有要求，或对结果的质量有影响，实验室应监测、控制和记录环境条件。当环境条件影响监测结果时，应停止监测。应将不相容活动的相邻区域进行有效隔离。对进入和使用影响监测质量的区域，应加以控制。应采取措施确保实验室的良好内务，必要时应制定专门的程序。

（3）设备设施

排污单位配备的设备种类和数量应满足监测标准规范的要求，包括现场监测设备、采样设备、制样设备、样品保存设备、前处理设备、实验室分析设备和其他辅助设备。现场监测设备主要包括便携式现场监测分析仪、气象参数监测设备等，采样设备主要有水质采样器、大气采样器、固定污染源采样器等，样品保存设备主要是指样品采集后和运输过程中满足低温、冷冻或避光条件的设备，前处理设备主要是指加热、烘干、研磨、消解、蒸馏、振荡、过滤、浸提等所需的设备，实验室分析设备主要有气相色谱仪、液相色谱仪、离子色谱仪、原子吸收光谱仪、原子荧光光谱仪、红外测油仪、分光光度计、万分之一天平等。设备在投入工作前应进行校准或核查，以保证其满足使用要求。

大型仪器设备应配有仪器设备操作规程和仪器设备运行与保养记录；每台仪器设备及其软件应有唯一性标识；应保存对监测具有重要影响的每台仪器设备及软件的相关记录，并存档。

（4）管理体系

排污单位应根据自行监测活动的范围，建立与之匹配的管理体系。管理体系应覆盖自行监测活动的全部场所。应将点位布设、样品采集、样品管理、现场监测、样品运输和保存、样品制备、实验分析、数据传输、记录、报告编制和档案管理等监测活动纳入管理体系。应编制并执行质量手册、程序文件、作业指导书、质量和技术记录表格等，采取质量保证和质量控制措施，确保自行监测数据可靠。

2.3.3.2 委托单位相关要求

排污单位委托社会化检测机构开展自行监测的，也应对自行监测数据的真实性负责，因此排污单位应重视对被委托单位的监督管理。其中，具备监测资质是被委托单位承接监测活动的前提和基本要求。

接受自行监测任务的单位应具备监测相应项目的资质，即所出具的监测报告必须能够加盖 CMA 印章。排污单位除应对资质进行检查外，还应该加强对被委托单位的事前、事中、事后监督管理。

选择拟委托的社会化检测机构前，应对其既往业绩、实验室条件、人员条件等进行检查，重点考虑社会化检测机构是否具备承担委托项目的能力及经验，是否存在弄虚作假的不良记录等。

被委托单位开展监测活动过程中，排污单位应定期或不定期抽检被委托单位的监测记录、监测报告和原始记录等，若有存疑的地方，可现场检查。

每年报送全年监测报告前，排污单位应对被委托单位的监测数据进行全面检查，包括监测的全面性、记录的规范性、监测数据的可靠性等，确保被委托单位能够按照要求开展监测。

2.4 监测质量保证与质量控制

无论是自行开展监测还是委托社会化检测机构开展监测，都应根据相关监测技术规范、监测方法标准等要求做好质量保证与质量控制。

自行开展监测的排污单位应根据本单位自行监测的工作需求，设置监测机构，梳理制定监测方案、样品采集、样品分析、出具监测结果、样品留存、相关记录的保存等各个环节，制定工作流程、管理措施与监督措施，建立自行监测质量体系，确保监测工作质量。质量体系应包括对以下内容的具体描述：监测机构、监测人员、出具监测数据所需的仪器设备、监测辅助设施和实验室环境、监测方法技术能力验证、监测活动质量控制与质量保证等。

委托其他有资质的社会化检测机构代其开展自行监测的，排污单位不用建立监测质量体系，但应对社会化检测机构的资质进行确认。

2.5 记录和保存监测数据

记录监测数据与监测期间的工况信息，整理成台账资料，以备管理部门检查。手工监测时应保留全部原始记录信息，全过程留痕。自动监测时除通过仪器全面记录监测数据外，还应有运行维护记录。另外，为了更好地说清污染物排放状况、了解监测数据的代表性、对监测数据进行交叉印证、形成完整的证据链，还应详细记录监测期间的生产和污染治理状况。

排污单位应将自行监测数据接入全国污染源监测信息管理与共享平台，公开监测信息。此外，可以采取以下一种或几种方式让公众更便捷地获取监测信息：公告或者公开发行的信息专刊，广播、电视等新闻媒体，信息公开服务、监督热线电话，本单位的资料索取点、信息公开栏、信息亭、电子屏幕、电子触摸屏等场所或者设施，其他便于公众及时、准确获得信息的方式。

第3章 储油库、加油站行业发展及污染排放状况

储油库、加油站是油品的集输、储存、装卸和销售等作业过程的主要实施行业，也是环境管理重点关注的行业之一。储油库与加油站行业的发展状况、污染物来源及污染治理技术等，是开展行业环境管理与制定自行监测要求的重要依据。本章围绕储油库、加油站行业概况、污染物排放和环保现状、发展趋势进行简要介绍。同时针对行业工艺过程特点对废水、废气和噪声的来源进行简要分析，并介绍了相应的污染治理技术，以为后文排污单位自行监测方案的制定提供基础依据。

3.1 行业概况及发展趋势

3.1.1 行业分类

按照《国民经济行业分类》（GB/T 4754—2017），储油库属于制造业中的油气仓储（C5941）、批发和零售业中的油气仓储（F5941）、石油及制品批发（C5162）行业；加油站属于制造业中的机动车燃油零售（C5265），以及批发零售业中的机车燃油零售（F5265）。生产企业内的原油、成品油等油品储存场所除外。

3.1.1.1 储油库

储油库是用来接收、存储和发放原油或石油产品的场所，它是协调原油生产及加工、成品油供应及运输的纽带，是国家石油储备和供应的基地，对于保障国防和促进国民经济高速发展具有重要意义。储油库多用于储存汽油、柴油等轻油料，有些库还储存重质油料。《石油库设计规范》（GB 50074—2014）根据石油库储罐计算总容量（TV）将油库分为特级（1 200 000 m³≤TV≤3 600 000 m³）、一级（100 000 m³≤TV＜120 000 m³）、二级（30 000 m³≤TV＜100 000 m³）、三级（10 000 m³≤TV＜30 000 m³）、四级（1 000 m³≤TV＜10 000 m³）、五级（TV＜1 000 m³）。其中 TV 不包括零位罐、中继罐和放空罐的容量。甲 A 类液体（15℃时的蒸汽压力大于 0.1 MPa 的烃类液体及其他类似的液体）储罐容量、Ⅰ级和Ⅱ级毒性液体储罐容量应乘以系数 2 计入储罐计算总容量，丙 A 类液体（55℃≤F_t[①]＜60℃的轻柴油，其储运设施的操作温度低于或等于 40℃）储罐容量可乘以系数 0.5 计入储罐计算总容量，丙 B 类液体（F_t＞120℃）储罐容量可乘以系数 0.25 计入储罐计算总容量。

储油库按运输方式可分为水运油库、陆运油库和水陆联运油库等；按照经营油品可分为原油库、润滑油库、成品油库等。按主要储油方式可分为地面（或称地上）油库、隐蔽油库、山洞油库、水封石洞库和海上油库等。与其他类型油库相比，地面油库建设投资少、周期短，是储油库的主要建库形式，也是目前我国数量最多的油库。

3.1.1.2 加油站

加油站是为不同种类的机动车辆加汽油、轻柴油的专门场所，一般由地下储油罐、加油机和管理室三部分组成，有的还设有为汽车加机油、润滑油和库房等的附属设施。加油站的类型较多，可以按照其功能、地理位置、销量、油罐容积

① F_t：液体的闪点。

和单罐容积等不同的维度进行分类。

按功能划分：单纯型加油站和综合型加油站，其中单纯型加油站主要是为车辆加注汽油和柴油及开设便利店（含小包装润滑油），而综合型加油站是在单纯型的基础上，增加车辆修理、清洁、美容等配套功能。

按地理位置划分：一类为城市城区加油站；二类为高速公路、环城快速路加油站；三类为县城城区、国道及其他干道加油站；四类为农村乡镇加油站。

按销量划分：Ⅰ级为年销量＞10 000 t 的加油站；Ⅱ级为 6 000 t＜年销量≤10 000 t 的加油站；Ⅲ级为 3 000 t＜年销量≤6 000 t 的加油站；Ⅳ级为 1 000 t＜年销量≤3 000 t 的加油站。

按油罐容积和单罐容积划分：一级加油站总容积大于 120 m^3，小于或等于180 m^3，单罐容积小于或等于50 m^3；二级加油站总容积大于60 m^3，小于或等于120 m^3，单罐容积小于或等于50 m^3；三级加油站总容积小于或等于60 m^3，单罐容积小于或等于30 m^3。油罐的总容量是指汽油的储存量，当加油站兼营柴油时，汽油、柴油的储量可按 1∶2 的比例折算。城市市区不宜建设一级加油站，且宜采用直埋地下卧式油罐。

3.1.2　行业发展现状

随着我国社会经济持续发展，成品油生产与销售量不断攀升。根据中投产业研究院发布的《2022—2026 年中国成品油市场投资分析及前景预测报告》，截至2022 年，我国成品油批发企业 2 505 家，其中，中石油、中石化全资或控股的成品油批发企业 1 682 余家，占批发企业总数的 67%；据中国石油集团经济技术研究院统计，2024 年我国成品油消费总量为 3.6 亿 t，同比下降 2.9%。

3.1.2.1　储油库

根据《中国石油流通行业发展蓝皮书（2023—2024）》，2023 年国内汽油商业库存为 1 362.2 万 t，同比下降 15.7%，柴油商业库存为 1 608.3 万 t，同比增长 12.0%。

国家能源局在《2025 年能源工作指导意见》中强调"持续提升油气储备能力"，包括推动储气库建设和煤制油气重大项目，成品油油库建设将进一步扩容，传统油库将加速向智能化油库转型升级。

目前我国已建成了包括天津、鄯善、舟山、黄岛（地面和洞库）、独山子、镇海、惠州、大连、兰州、锦州（洞库）、金坛、湛江在内的 12 个储油基地。

3.1.2.2　加油站

我国加油站快速扩建始于 20 世纪 90 年代初。近年来，汽车的普及使其主要燃料——汽油、柴油需求旺盛，加油站行业的市场规模呈震荡上升态势，如图 3-1 所示。根据《中国石油石化》杂志发布《中国加油（能）站发展蓝皮书（2023—2024）》，截至 2023 年，全国共有加油站 112 787 万座，预计，我国加油（能）站终端网络数量将趋于稳定，2025 年前我国加油站总量仍将增长，将达到峰值 14 万座左右。2030 年将回归合理水平，约为 11 万座。根据上海期货交易所《2024 年中国石油市场概览》报告，中石化、中石油加油站数量占比为 46%；外资加油站数量占比 2%；其他加油站占比 52%。

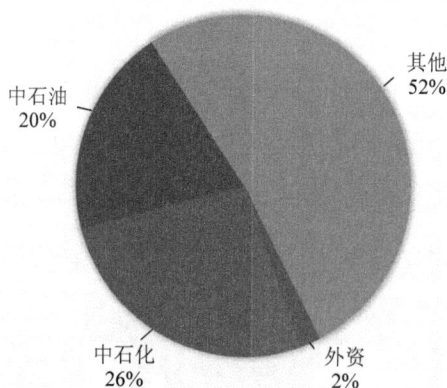

图 3-1　2024 年国内加油站数量分布

数据来源：上海期货交易所《2024 年中国石油市场概览》报告。

根据中国石油集团经济技术研究院《2024 年国内外油气行业发展报告》，2024 年全年汽油消费量 1.58 亿 t。从加油站分布地域来看，如图 3-2 所示，2022 年我国各省（自治区、直辖市）年汽油销售量接近 500 万 t 及以上的省级行政区包括广东省、江苏省、四川省、浙江省、山东省、辽宁省、湖北省、河南省、湖南省、安徽省、福建省、贵州省、云南省、黑龙江省、河北省；汽油消费量接近和超过 1 000 万 t 的省级行政区包括广东省、江苏省和湖南省，仅广东省汽油消费量占全国消费量的 7.7%。我国经济较为发达或人口居住大省的汽油消费量占全国汽油消费总量的 85.2%。

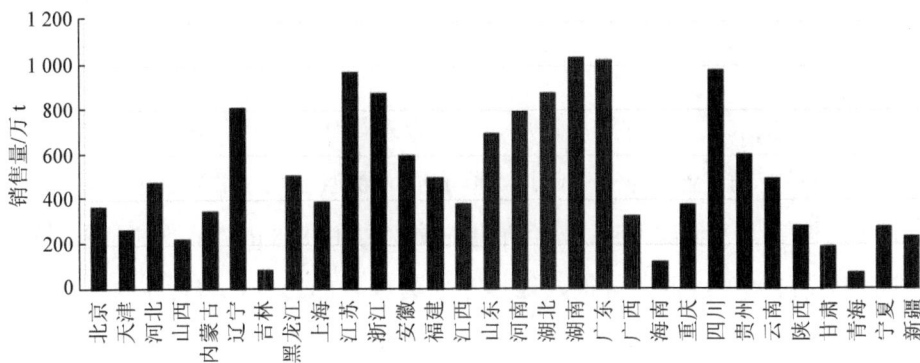

图 3-2　2022 年分地区年汽油销售量

数据来源：《中国能源统计年鉴（2023）》。

从加油站分布区域来看，加油站多分布于经济发达地区，其中 80% 的加油站分布于国道、省道、高速公路、城区等高车流量路线。

根据公安部网站数据，截至 2024 年，全国汽车保有量达 3.53 亿辆，比 2023 年增加 234 万辆，较 2023 年增长 9.53%。成都、北京、重庆、苏州、上海、郑州等 6 个城市超 500 万辆。

3.2 污染物排放状况分析

3.2.1 废水产排污节点

3.2.1.1 储油库

储油库排放的污水主要包括含油污水、污染雨水、生活污水三类，其中含油污水是储油库污水的主要组成部分。部分大型成品油库有独立的污水处理单元。由于汽油、柴油含有苯类、醇类、脂类等有机物质，因此，储油库污水性质复杂。成品油库废水中最常见的污染物为苯系物、油、脂等。

含油污水来源包括：

（1）油罐切水

污水的水量水质与储存油品性质、产地以及操作管理等密切相关。人工切水排水水量不易控制，含油量一般超过 500 mg/L，而且在切水后期含油量会有较大增加。例如，某汽油储罐人工切水含油量最高达到 14 828 mg/L；现通常采用机械式或电子式自动脱水器，可很好地排除人为因素的影响，将污水含油量降至300 mg/L 以下。油罐切水中还可能含有少量硫化物、挥发酚等污染物。因此，油罐切水是含油污水的主要控制对象。

（2）油罐清洗排水

油罐清洗分为水洗和油洗。水洗油罐的瞬时排水量较大并与操作管理密切相关，其排水含油量高达 3 000 mg/L 或更高，污染成分与油罐切水基本相同。

（3）地下含油污水管道系统泄漏造成的含油污水

含油污水管道多采用排水承插铸铁管道埋地敷设，检修困难。长期使用后，地基下沉等可能造成管道接口漏水、检查井开裂，引起雨天外漏、非雨天内漏的恶性循环，污染环境（土壤、地下水等）。

（4）其他含油污水

包括油品装卸区地面冲洗、机泵及计量等处排放的含油污水，其污染程度相对较轻。

污染雨水主要包括：

（1）罐顶油气排放污染

罐顶排气阀、呼吸阀等在排放油气过程中，可能带出细小油珠或油气（排出后遇外界冷空气降温而形成细小油珠），使罐顶局部污染；进油速度较快时，会出现喷油现象。浮顶罐进出油不均匀则可能造成浮盘倾斜、油品外漏或局部冒出；此外，长期使用后，浮顶罐密封圈会变形而出现密封不严等现象，导致油品或油气外漏，诸多因素都会污染雨水。不同类别油罐的油气排放损失量差别较大，如年周转 50 次的 5 000 m³ 拱顶罐与内浮顶罐的油气总损失量之比为 40（石脑油罐，北方地区）或 66（汽油罐，南方地区），显然，拱顶罐的油气排放量远大于内浮顶罐，过多的油气排放必然会造成雨水的污染。

（2）泄漏污染

阀门、法兰、机泵、罐底等处都可能出现油品泄漏，如不及时处理也会污染雨水。

（3）罐壁污染

浮顶罐随着罐内油位的变化，在罐壁和密封等处会残留部分油渍，这些油渍难以清理而与雨水混合。

生活污水主要来自化验、办公、控制室、生活等辅助设施排放的污水。

3.2.1.2　加油站

加油站污水主要包括含油污水、站区地面雨水和生活污水三类。

含油污水主要来自加油区、卸油区、站区场地和汽车美容项目服务区。在汽车服务区，由建筑物内排放的含油污水应按要求经水封井、含油污水管道送入站区钢筋混凝土室外水封井内。在加油区、卸油区、站区场地冲洗等产生于露天场地的含油污水，应经站内设置的环保沟收集，再通过含油污水管道送入站区钢筋混凝土室外水封井内。这两部分含油污水经油水分离处理达到国家有关的污水排放标准后，方可排入站外市政污水管网。

站区地面雨水排放：一类加油站内地面雨水，宜按照站内地面竖向设置明沟收集，再通过雨水管道、水封井排入市政排水管网。其他类加油站可采用散流形式排至站外，站内排水采取清污分流原则，严格按照国家与地方的有关规定进行分类收集与排放。加油站排出建筑物或围墙的污水，在建筑物墙外或围墙内应分别设置水封井。若站区周边无市政排水管网或接入市政排水管网存在困难，可在站内设置集水井，定期清掏。

生活污水主要产生于站（辅）房等生活区，这部分污水在排出建筑物时应按要求进入水封井，并通过生活污水管道送入站区化粪池，经过化粪池处理后排至市政排水管网；若油站周边无市政排水设施，站内宜设集水井收集生活污水，并定期清掏。

3.2.2 废气产排污节点

根据储油库、加油站各典型工艺装置特点，可大致分为两大类8种，基本涵盖了储运、装卸、运行过程中各种气相污染物排放过程，废气污染源状况见表3-1。

表3-1 废气污染源状况

序号	污染源类型	企业类型	装置种类
1	有组织排放源	储油库	油气处理装置
2			污水处理设施有机废气收集处理装置
3		加油站	油气处理装置
4	无组织排放源	储油库	储油库油气收集系统密封点
5			泵、压缩机、搅拌器（机）、阀门、开口阀或开口管线、泄压设备、取样连接系统
6			法兰及其他连接件、其他密封设备
7			罐车底部发油快速接头泄漏点
8		加油站	加油站油气回收系统密闭点
9			加油枪喷管

在储油库、加油站的有组织废气排污口中，油气处理装置、污水处理设施有机废气收集处理装置排气筒是排污单位的主要排放口，其排放的特征污染物为非甲烷总烃。其余均为装置、管线密封点造成的挥发性有机物无组织泄漏逸散。

3.2.2.1　储油库

（1）挥发性有机物逸散

油库中储存的各类轻质油品在储存、装载等生产过程中均存在一定的蒸发排放损耗现象，一般将油品的排放耗损类型分为输传损耗、装车作业损耗、卸油损耗。蒸发排放损耗的 VOCs 不仅会污染环境、带来火灾隐患、危害人体健康，还会造成油品资源的浪费。

①油品装载环节逸散

装载损失是铁路罐车、油罐汽车和游船作业中油品蒸发排放最主要的来源。装载时，油品不断进入储罐（货舱），气体空间随着油品的液位升高而减少，罐内油气空间的压力升高，为保持压力的平衡，一部分油气通过罐顶呼吸阀排出储罐，同时装油作业时，由于机械力的作用，加剧了油品的挥发速度，罐（舱）内的烃蒸气被置换到大气中，形成了"大呼吸"油气损耗。

②储存环节逸散

油品在储罐内静止储存的过程中，储油罐温度昼夜有规律地变化。白天温度升高，罐内油气膨胀，压力升高，造成油气的挥发，同时与罐外空气进行气体交换而形成蒸发损耗。晚间温度降低，罐内气体压力降低，吸入新鲜空气，这一过程为"小呼吸"油气损耗。油品的储存主要使用固定顶罐、内浮顶罐、外浮顶罐。固定顶罐的 VOCs 逸散排放来自呼吸损耗与工作损失，呼吸损耗是由于温度与压力变化造成蒸气的逸出；工作损失则是装载操作时蒸气置换，以及液体抽出时吸入罐中的空气超过罐内空间容量所产生的逸散。浮顶罐的 VOCs 逸散排放来自静置储存损失及抽取损失。内浮顶罐的静置储存损失包括板层边缘密封损失、板层附属配件损失、板层接缝损失。外浮顶罐仅有板层边缘密封损失，无板层接缝损失。

（2）油气处理装置尾气排放

根据《储油库大气污染物排放标准》（GB 20950—2020），储油库油气处理装置通过吸附、吸收、冷凝、膜分离等方法对回收的油气进行再利用，未被吸附的尾气会经过排气管排放。油气处理装置油气排放浓度应≤25 g/m^3，处理效率应≥95%。

（3）污水处理设施有机废气收集处理装置尾气排放

部分储油库污水处理设施按照相关标准对敞开液面等排放的挥发性有机物实施密闭收集，由有机废气收集处理装置集中处理后，通过排气管排放。

3.2.2.2 加油站

加油站采用自吸式工艺流程。装有成品油的汽车槽车通过软管和导管将成品油通过自流的方式进入地埋卧式储油罐内。加油时，用加油机自带的自吸泵将油品从油罐中抽出，计量后注入车辆油箱中。油罐车卸油和加油机加油配有油气回收系统，整个工艺流程密闭作业。汽油加油和柴油加油工艺流程及产污节点示意图分别如图 3-3、图 3-4 所示。

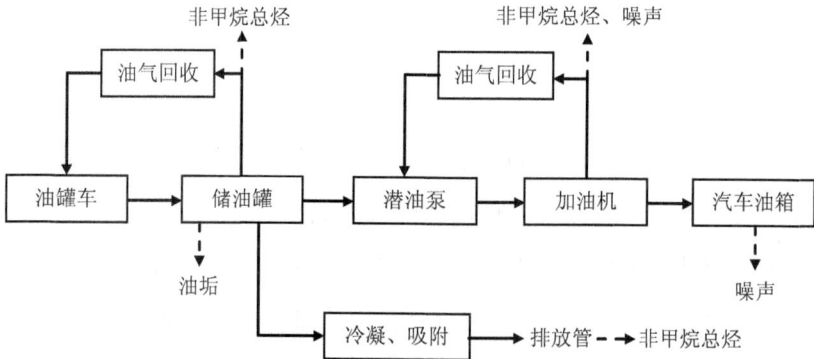

图 3-3 汽油加油工艺流程及产污节点示意图

非甲烷总烃　　　非甲烷总烃　　　　　　　非甲烷总烃、噪声　　　噪声

```
┌────────┐     ┌────────┐     ┌────────┐     ┌────────┐     ┌────────┐
│ 油罐车 │ ──▶ │ 储油罐 │ ──▶ │ 潜油泵 │ ──▶ │ 加油机 │ ──▶ │汽车油箱│
└────────┘     └────────┘     └────────┘     └────────┘     └────────┘
```

油垢

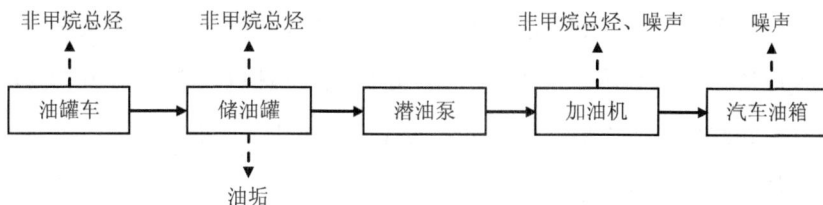

图 3-4　柴油加油工艺流程及产污节点示意图

（1）装载环节逸散

加油站经营的汽油、柴油等油品具有易挥发、易扩散、有毒等特点。在运营过程中，地下油罐存储的石油主要以液体的形式存在，在装卸油料过程中由于储油罐与外部环境之间的压差，导致罐口的密封效果降低，造成油气挥发损耗。油品装卸过程中，通过一个敞开的顶部加油孔或底部连接管向铁路油罐车或汽车油罐车输油时，会将油气排到大气中，油气浓度与被装油品的种类、温度、油槽温度及装油方式有关，一般为 15%～50%。

按照装车方式的不同，油品装载可分为顶部装油和底部装油。其中，顶部装油又可分为喷溅式装油和浸没式装油两种。喷溅式装油过程中放油管的出口一般位于液位之上，会产生较大的油面搅动，油气产生量较多；而浸没式装油过程中放油管出口在距离罐底 0.15 m 处，与喷溅式装油相比，油气产生量少。总体而言，顶部装油的气液比（v/v）一般为 1∶1.1～1∶1.4，油气浓度高，不易发生漏油现象，缺点是油气产生量大。底部装油的气液比（v/v）一般为 1∶1，油气产生量少，且油气浓度低，如果设备质量不佳或操作不当，易发生漏油现象。

（2）卸油环节逸散

汽油、柴油由专用汽车槽车（油罐车）运送至加油站接卸区，卸油时车辆、操作人员均设置防静电装置，并且周围布置好消防设施，稳油后，由卸油员核对油品品号、检查质量、计量后，连接油罐车和卸油口进行密闭卸油，油气回收装置同时工作，将油罐内油气通过真空泵泵入槽罐车内，保持压力平衡，使油品自流进入储罐内。油气回收装置能够避免空气进入罐车罐体，同时避免储罐内油气

通过呼吸阀进入空气，减少了油气外溢进入大气中，既保护了环境又减少了油品损耗，形成油气循环系统。卸油完毕后，由卸油人员检查罐车，打好铅封，送罐车出站。在卸油期间应暂停营业，雷电天气禁止卸油、加油作业。

（3）储油环节排放

油品在地下储油罐储存期间，汽油、柴油在罐中常压储存，直埋地下油罐的外表面需进行防腐处理。由于环境温度的变化，罐内饱和油气排出或从大气中补充空气（也称"小呼吸"）交替变化。温度每升高 1℃，汽油会排出 0.21% 的油气；储存时间越长，罐内油气体积与油液体积之比越大，排放的油气越多。

（4）加油环节逸散

加油机自带的自吸泵把油品从油罐抽出，油气回收装置同时工作，在加油站为汽车加油过程中，通过真空泵产生一定真空度，经过加油枪、油气回收管、真空泵等油气回收设备，按照气液比控制在 1.0～1.2 的要求，使加油过程中挥发的油气回到油管内，保持储罐压力平衡。在加油过程中，油气回收装置能够避免空气通过呼吸阀进入储罐，同时避免车辆油箱内油气通过加油孔进入空气，减少油气外逸，形成一个封闭循环。

根据美国国家环境保护局（EPA）统计，平均 1 加仑（约 3.785 L）汽油加入油箱时，会有约 4.45 g 油气挥发、0.32 g 油气因滴漏而逸散在大气中。因此，加油时须使用带回气管的加油枪，并对加油枪油气回收系统的参数进行设置，气液比最大为 1∶1.1。使用这种油枪加油时，流量会受到限值，一般不超过 40 L/min。通过真空泵将油气从加油枪的气体通道返回埋地油罐，为防止回收油气的部分冷凝产生液阻，堵塞回气管道，埋地回气管应坡向连接埋地油罐。

3.2.3 噪声来源分析

储油库的噪声主要源于库区装卸油时的泵房设备噪声以及汽车进场车辆噪声。固定噪声源主要为各类机泵、调节阀、节流阀等，机泵运行过程中有噪声产生，源强为 80～95 dB（A），其次是进出库区的车辆产生的交通噪声。

加油站的噪声源更为单一，主要为加油机泵的噪声及加油车辆产生的交通噪声。

3.2.4　工业固体废物来源分析

储油库、加油站产生的固体废物相对较少，主要包括油品储存、运输、销售过程中产生的废塑料、废金属、灰渣、含油废液、废机油、废水处理装置离子交换树脂、废化学试剂、含油污泥等。

3.3　污染治理技术

3.3.1　废水污染治理技术

（1）储油库

储油库常用废水治理技术主要有固定格栅、预处理气浮、絮凝沉淀、生物接触氧化等。其中，固定格栅技术是指污水由排水系统收集后，进入污水处理的格栅井，去除污水中较大的颗粒杂物；预处理气浮技术是指污水在蓄水池内进行均质均量，蓄水池中提升泵送至气浮机曝气；絮凝沉淀技术是指在污水中加入絮凝剂，经反应后污水中的悬浮物絮凝；生物接触氧化技术是指污水经微生物接触氧化后绝大部分有机污染物通过生物氧化、吸附得以降解，通过过滤、沉淀处理废水。

（2）加油站

加油站生产废水产生量较少，部分加油站根据需求仅设置隔油池。隔油池可利用油滴与水的密度差产生上浮作用，去除含油废水中可浮性油类物质。隔油池的构造多为平流式，含油废水通过配水槽进入矩形隔油池，沿水平方向缓慢流动，在流动过程中油品上浮至水面，由集油管直接采集，或由设置在池面的刮油机推送到集油管中输送到脱水罐。隔油池中沉淀的重油及其他杂质，积聚到池底污泥斗中，通过排泥管进入污泥罐中。经过隔油处理的废水则溢流入排水渠排出池外，通过进一步后续处理，去除乳化油口及其他污染物。废水经隔油池隔油沉淀后由市政管网接入。

3.3.2 废气污染治理技术

（1）储油库 VOCs 治理技术

VOCs 是储油库排放的废气主要污染物，目前针对储油库的 VOCs 治理技术主要包括源头控制技术、过程控制技术及末端治理技术。

①源头控制技术

设备和管线是储油库的重要组成部分，从项目设计、设备选型和建设施工等源头阶段出发，以泵、阀门、法兰、连接件、泄压设备、开口阀或开口管线、采样连接系统、搅拌机、压缩机等为重点关注对象，开展设备动/静密封点的 VOCs 泄漏防控，通过减少潜在泄漏源数量、优化设备密封性能，开展源头防治。针对储油罐类型（常压储罐、固定顶罐、内浮顶罐和外浮顶罐）、储罐图层、浮盘类型、边缘密封形式等，以及装卸过程中的罐车、密封件类型等方面进行合理选型，是控制 VOCs 排放源头的主要方法。

②过程控制技术

泄漏检测与修复（LDAR）：是指通过常规或非常规检测手段，检测或检查密封点，并在一定期限内采取有效措施修复泄漏点，以减少工业生产过程中 VOCs 气体的无组织排放。LDAR 技术是一种系统工程，涉及使用固定或移动式检测仪器，定期检查设备和管线组件的密封点，及时发现并修复泄漏，从而降低环境污染和安全风险。

储油罐储存和调和过程 VOCs 控制：合理计划收发程序、日常巡检、定期实施检查。

装卸过程 VOCs 控制：通过液下装载和底部装载，降低 VOCs 挥发损失，利用自动控制系统实现装载过程的全密闭，同时采用自动流量控制，避免喷溅、超装等现象产生，减少装卸过程中 VOCs 排放量。

③末端控制技术

储油库末端治理技术主要利用油气回收工艺，根据回收原理的不同分为吸附法、吸收法、冷凝法、燃烧氧化法、膜分离法、低温等离子法，所采取的末端控制措施均应根据废气的产生量、污染物的组分和性质、温度、压力等条件，通过综合分析后选择适当的工艺路线。

（2）加油站 VOCs 治理技术

加油站有 5 个 VOCs 排放环节，分别是卸油排放、加油排放、呼吸排放、加油枪滴油和胶管渗透。加油站 VOCs 排放控制技术包括：①卸油油气回收技术，该技术也称为 Stage I 技术（第一阶段油气回收技术），包括将喷溅式卸油改为浸没式卸油，并安装卸油油气回收管线。②加油油气回收技术，第一种是基于加油站改造的技术，也称为 Stage II 技术（第二阶段油气回收技术），包括安装真空泵、同轴胶管和油气回收加油枪等设备；第二种为车载油气回收技术（ORVR 技术），为避免汽车与 Stage II 不兼容发生排放，需要更换 ORVR 加油枪或安装油气处理装置（VRU）。③呼吸排放控制技术，实施油罐密闭和安装压力真空阀（PV 阀）。④加油枪滴油控制技术，使用二次油气回收加油枪（EVR）加油。⑤胶管渗透控制技术，采用 EVR 低渗透胶管。⑥为了实现对加油站 VOCs 排放的全面监控，国内外普遍推广或强制安装 OMS（油气回收在线监控系统）。图 3-5 主要针对第一阶段油气回收技术、第二阶段油气回收技术以及车载油气回收技术（ORVR）三类较为复杂的治理技术进行详细介绍。

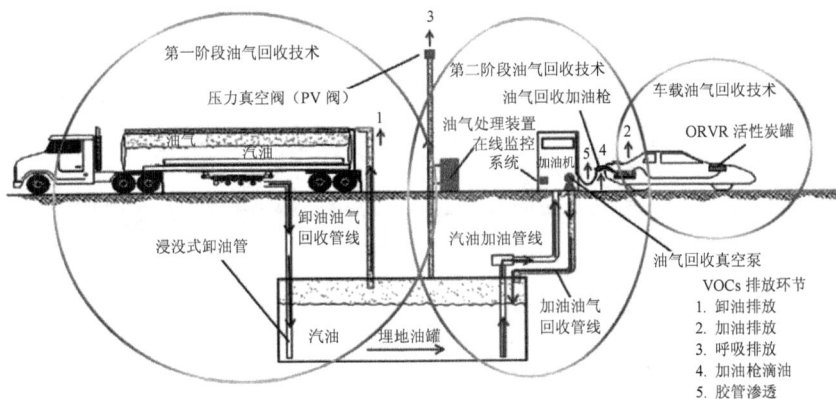

图 3-5　加油站 VOCs 排放环节与控制技术

①第一阶段油气回收技术

第一阶段油气回收系统主要针对地下储油罐的收油阶段，也就是将油罐车与地下储油罐的输油管及油气回收管连接成密闭的回收系统，当油罐车卸油时，地下储油罐中同体积的油气就会回收到油罐车中，油罐车将回收的油气带回油库。一般在地下储油罐的排气管顶端安装有呼吸阀，呼吸阀在正常情况下处于紧闭状态，当罐内平均压力超过 76.2 mm 水柱高时，呼吸阀会自动打开释放油气；若罐内产生一定的真空度，呼吸阀也会自动打开，从大气中吸入空气以平衡罐内压力。如图 3-6 所示，油品输入加油站地下储油罐时会因液面震荡起伏而增加油气的挥发与逸散，并产生大量的静电，因此加油站建设规范要求输油管必须深入油面下方以减少液面扰动。《汽车加油加气站设计规范》中规定输油管距罐底距离为 200 mm。油品通过潜入液面下的输油管注入，产生的油气则由液面上的回收管收集至油罐车内。在输油管的连接处利用具有强力橡皮圈的连接帽与油罐车连接，以避免油品外泄。油气回收管的开口处装有具有特殊开启功能的设备，当油罐车上的油气回收管线正确连接到地下储油罐时，回收口开放，同时将地下储油罐的排气管关闭，使其中的油气能完全通过回收口回到油罐车内。卸油完毕后，先卸开油罐车上的输油管，待残留的油料完全注入地下储油罐后，再以与卸油时相反的操作顺序拆除油气回收管。

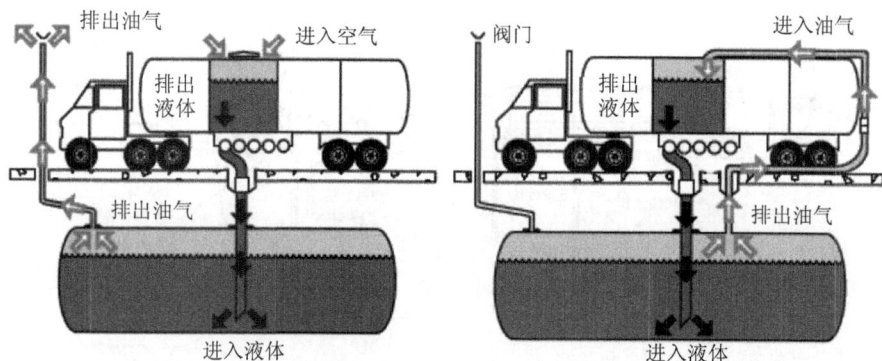

图 3-6　加油站第一阶段油气回收系统示意图

②第二阶段油气回收技术

如图 3-7 所示，当车辆加油时，利用加油枪上的特殊装置，将原本由车辆油箱逸散于空气中的油气经加油枪、抽气泵进行回收，并将回收的油气储存在地下储油罐内保压。当地下储油罐内的油气压力过高时，地下储油罐排气口处的呼吸阀会自动打开，排出超压的油气。常见的 Stage II 包括蒸气平衡式和真空辅助式，这两种形式都必须采用专用的油气回收型加油枪。蒸气平衡式油气回收系统利用加油枪抽气量与加油量的比值接近 1∶1 的原理进行回收，即每加油 1 L，地下储油罐液位下降产生 1 L 空间，而同时经由加油枪回收相当于 1 L 体积的油气，送回地下储油罐内填补液位下降空间而达到压力平衡。该油气回收系统主要依靠加油枪管口的面板与机动车油箱口之间的充分密封来实现，需要设置探入式导管，同轴软管形成的圆形和环空密闭流道使发油和油气回收同步进行。

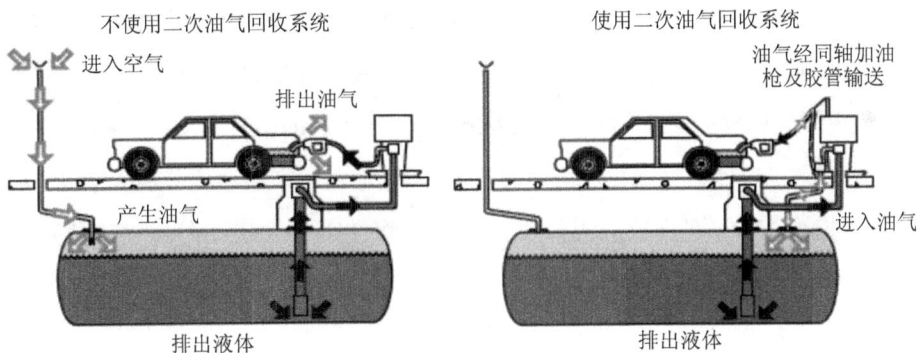

图 3-7 加油站第二阶段油气回收系统示意图

目前普遍使用的回收设备是真空辅助式油气回收系统。世界上第一个真空辅助式回收系统由 James W. Healy 于 1980 年开发，其工作原理是在给车辆加油的同时，利用真空泵产生的吸力进行油气回收，主要设备包括真空泵、油气分离接头、同轴短皮管、拉断阀、同轴软管和回收型加油枪等。加油时，油品从同轴软管的外层流出，通过回收型加油枪注入车辆油箱；产生的油气在真空泵作用下从回收型加油枪枪头四周的小孔进入油枪内部，经同轴软管的内层及分离器进入回收泵，然后流回地下储油罐。按照真空泵的型式,可分为分散吸取式和中央吸取式两大类。

A. 分散吸取式真空泵一般设置于各台加油机内,通常采用涡轮叶片式真空泵连接一条与输油管平行的油气回收管线和地下储油罐。当油品输出时,电机带动涡轮叶片式真空泵产生真空,进而通过回收油枪达到回收车辆油箱内挥发油气的效果。

B. 中央吸取式真空泵一般设置于油气回收管与地下储油罐连接处,每个地下储油罐设置 1 台中央吸取式真空泵,通过加油机内部管线设计完成各自油品油气的回收。中央吸取式真空泵直接利用潜油泵所提供的油品压力来驱动,无须额外增加驱动动力。启动潜油泵时,中央吸取式真空泵会产生 9～10 kPa 或 16～19 kPa 的中央真空压力(视管线的粗细、长度及加油枪的数量来决定真空压力大小)。

③车载油气回收技术

ORVR 技术的工作原理如图 3-8 所示,加油口的直径变小,并增加一个阀门,通往碳罐的管道被替换成一个直径加大的管道,将能够容纳 24 小时 VOCs 的基本型碳罐更换为能够吸取多日昼间和加油时 VOCs 排放的碳罐。安装 ORVR 后,汽油进入油箱,VOCs 无法通过加油口排放,而是通过管道被吸入碳罐,VOCs 被吸收后,纯净的空气被排放到大气中,发动机将在下一次启动时,把碳罐吸附的 VOCs 作为能源使用。

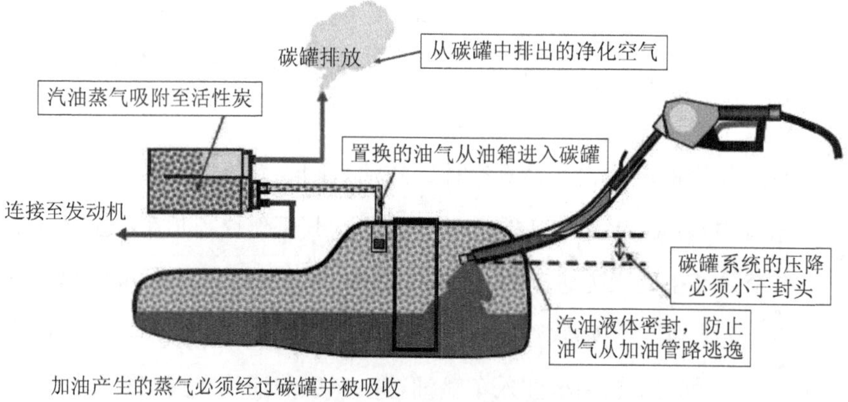

图 3-8　ORVR 技术的工作原理

3.3.3　噪声污染治理技术

储油库、加油站的主要降噪措施通常为减振、隔声措施，如对设备加装减振垫、隔声罩等，也可将某些设备传动的硬件连接改为软件连接；车间内可采取吸声和隔声等降低噪声的措施；对于空气动力性噪声，通常采取安装消声器的措施。

3.3.4　固体废物治理技术

储油库、加油站由于固体废物产生量较少，排污单位不设置固体废物治理设施，一般按照固体废物种类进行分类储存，交由有资质的第三方处置单位进行处置。

第 4 章　排污单位自行监测方案的制定

　　立足排污单位自行监测在我国污染源监测管理制度中的定位，根据储油库、加油站污染排放特征，我国发布了《总则》（2017 年 4 月）、《排污单位自行监测技术指南　火力发电及锅炉》（HJ 820—2017）（2017 年 4 月）、《储油库、加油站指南》（2022 年 4 月）等相关标准规范，作为储油库、加油站排污单位制定自行监测方案的依据。为了让标准规范的使用者更好地理解标准中规定的内容，本章重点围绕《储油库、加油站指南》中的具体要求，一方面对其中部分要求的来源和考虑进行说明，另一方面对使用过程中需要注意的重点事项进行说明，以期为《储油库、加油站指南》使用者提供更加详细的信息。

4.1　监测方案制定的依据

　　根据自行监测技术指南体系设计思路，储油库、加油站排污单位主要是按照《储油库、加油站指南》确定监测方案。其中，《储油库、加油站指南》未规定，但《总则》中进行了明确规定的内容，应按照《总则》执行。

　　《储油库、加油站指南》适用于《固定污染源排污许可分类管理名录》中实行排污许可重点管理、简化管理的储油库（包括码头配套的储油库区）、加油站排污单位的自行监测。《固定污染源排污许可分类管理名录》中实行排污许可登记管理的储油库（包括码头配套的储油库区）、加油站排污单位可参照开展自行监测。储存液体有机化学品的储油库排污单位可参照开展自行监测。

若储油库配套建设锅炉,锅炉应按照《排污单位自行监测技术指南　火力发电及锅炉》(HJ 820—2017)制定监测方案。

4.2　废水排放监测

本节仅对储油库排污单位废水排放监测的规定进行描述,加油站排污单位由于没有稳定的生产废水排放源,没有相关行业污染物排放控制标准,其废水多数直接排入市政管网,且《排污许可证申请与核发技术规范　储油库、加油站》(HJ 1118—2020)中也未对其作出要求,因此不对加油站废水排放监测进行强制要求。

4.2.1　监测点位及监测指标的确定

(1)监测点位

根据我国水污染物排放标准相关规定,污染物监控位置包括企业车间或生产设施废水排放口、废水总排放口、生活污水排放口及雨水排放口。对于毒性较大、环境风险较高、仅是特定工序产生的重金属等污染物,监控位置在车间或生产设施废水排放口,这样可以避免其他废水混合后造成稀释排放,在污染物未得到有效治理的情况下实现浓度达标。其他多数工序都会产生毒性相对较小、环境风险相对较低的污染物,监控位置多为企业废水总排放口。排污单位大多会有一定的办公、生活区域,若生活污水单独排放,则应设置生活污水排放口。为防止雨水带料对水环境的污染,生态环境主管部门均要求排污单位"雨污分流、清污分流",为加强监管,还规定排污单位须监测雨水排放口。

根据《总则》监测点位布设原则,结合储油库排污单位废水实际排放情况,同时参照《排污许可证申请与核发技术规范　储油库、加油站》(HJ 1118—2020),规定储油库排污单位在废水总排放口、生活污水排放口、雨水排放口设置监测点位。由于储油库排污单位各生产环节产生的废水不含"第一类污染物",因此不设置车间或生产装置废水排放口监测点位。

（2）监测指标

目前，国家和各地方均未颁布储油库废水排污限制标准，储油库排污单位废水基本执行《污水综合排放标准》（GB 8978—1996）和《污水排入城镇下水道水质标准》（GB/T 31962—2015）。因此，废水监测指标的设定主要根据上述标准，参考《排污许可证申请与核发技术规范　储油库、加油站》（HJ 1118—2020），规定在废水总排放口监测流量、化学需氧量、氨氮、pH、悬浮物、石油类、总有机碳，当原油储库有切水作业时，还应监测挥发酚和总氰化物。在生活污水排放口监测流量、pH、化学需氧量、氨氮、悬浮物。在雨水排放口监测化学需氧量、石油类。

4.2.2　监测频次的确定

监测频次的确定主要依据《总则》的规定，参照《排污许可证申请与核发技术规范　储油库、加油站》（HJ 1118—2020），在此基础上，同时考虑到废水排放去向的不同，按照直接排放和间接排放分别确定。

对于废水总排放口，规定流量和化学需氧量、氨氮直接排放的按月监测，间接排放的按季度监测。pH、悬浮物、石油类等 3 项指标直接排放的按季度监测，间接排放的半年监测一次。总有机碳、挥发酚、总氰化物等 3 项指标直接排放的半年监测一次，间接排放的每年监测一次。

对于生活污水排放口，规定流量、pH、化学需氧量、氨氮、悬浮物等 5 项指标直接排放的每半年监测一次；若存在间接排放的情况，则无须进行监测。

对于雨水排放口，规定化学需氧量、氨氮等 2 项指标有流动水排放时按季度监测，同时规定，如监测一年无异常情况，可放宽至每年开展一次监测。

储油库排污单位废水排放监测点位、监测指标及最低监测频次按表 4-1 执行。排污单位可根据管理要求或实际情况在表 4-1 的基础上提高监测频次。

表 4-1　废水排放监测点位、监测指标及最低监测频次

监测点位	监测指标	监测频次	
		直接排放	间接排放
废水总排放口	流量、化学需氧量、氨氮	月	季度
	pH、悬浮物、石油类	季度	半年
	总有机碳、挥发酚 [a]、总氰化物 [a]	半年	年
生活污水排放口	流量、pH、化学需氧量、氨氮、悬浮物	半年	—
雨水排放口	化学需氧量、石油类	季度 [b]	

注： [a] 重点排污单位自动监测，其他单位按月监测。

　　[b] 有流动水排放时按季度监测，如监测一年无异常情况，可放宽至每年开展一次监测。

4.3　废气排放监测

4.3.1　有组织废气

4.3.1.1　监测点位及监测指标的确定

（1）监测点位

根据产排污分析及《储油库大气污染物排放标准》（GB 20950—2020）、《加油站大气污染物排放标准》（GB 20952—2020），储油库排污单位的有组织废气排放源主要包括油气处理装置废气排气筒、污水处理设施有机废气收集处理装置排气筒两类。加油站排污单位的有组织废气排放源为油气处理装置排气筒。

参照《总则》的规定，对于多个污染源或生产设备共用一个排气筒的，监测点位可布设在共用排气筒上。当执行不同排放控制要求的废气合并排气筒排放时，应在废气混合前进行监测；若监测点位只能布设在混合后的排气筒上，监测指标应涵盖所对应污染源或生产设备的监测指标，最低监测频次按照严格的执行。对处理效率有要求的有机废气处理装置应分别在其废气进口及排放口设置监测点位。

（2）监测指标

VOCs 是储油库、加油站的废气特征污染物，也是国家重点管控的废气污染物，在废气有组织排放口的监测指标为非甲烷总烃。

参照《储油库大气污染物排放标准》（GB 20950—2020）、《加油站大气污染物排放标准》（GB 20952—2020）、《排污许可证申请与核发技术规范　储油库、加油站》（HJ 1118—2020），规定储油库的油气处理装置废气进口及排放口、污水处理设施有机废气收集处理装置排气筒，加油站的油气处理装置排气筒监测指标为非甲烷总烃。

同时，规定废气监测应按照相应分析方法、技术规范同步监测烟气参数。

4.3.1.2　监测频次的确定

《总则》规定，重点排污单位主要排放口主要监测指标的最低监测频次为月～季度，主要排放口其他监测指标的最低监测频次为半年～年，其他排放口监测指标的最低监测频次为半年～年；非重点排污单位主要排放口的主要监测指标的最低监测频次为半年～年，主要排放口其他监测指标的最低监测频次为年，其他排放口监测指标的最低监测频次为年。

依据以上原则，储油库油气处理装置废气排放口属于主要排放口，且非甲烷总烃属于主要监测指标，因此，规定油气处理装置废气进口及排放口的非甲烷总烃按月监测。储油库污水处理设施有机废气收集处理装置排气筒属于其他排放口，但非甲烷总烃属于主要监测指标，因此，规定重点排污单位按季度进行监测，非重点排污单位半年监测一次。加油站油气处理装置排气筒属于其他排放口，因此，规定重点排污单位半年监测一次，非重点排污单位每年监测一次。

有组织废气排放监测点位、监测指标及最低监测频次按表4-2执行。

另外，根据不同排放源的排放特征，规定储油库油气处理装置废气进口及其排放口的废气采样应在不少于50%发油鹤管处，于发油时段中后期进行，连接油船的油气处理装置废气进口及其排放口废气采样应在发油时段中后期进行，对于包含吸附工艺的油气处理装置，采样应包括每个吸附塔的工作过程。

表 4-2　有组织废气监测点位、监测指标及最低监测频次

排污单位类型	监测点位	监测指标	监测频次	
			重点排污单位	非重点排污单位
储油库	油气处理装置废气进口及其排放口	非甲烷总烃	月	
	污水处理设施有机废气收集处理装置排气筒	非甲烷总烃	季度	半年
加油站	油气处理装置排气筒	非甲烷总烃	半年	年

注：应按照相应分析方法、技术规范同步监测烟气参数。

4.3.2　无组织废气

4.3.2.1　监测点位及监测指标的确定

（1）监测点位

对于储油库排污单位，根据产排污分析及《储油库大气污染物排放标准》（GB 20950—2020）的规定，在企业边界，储油库油气收集系统密封点，泵、压缩机、搅拌器（机）、阀门、开口阀或开口管线、泄压设备、取样连接系统，法兰及其他连接件、其他密封设备，罐车底部发油快速接头泄漏点处设置监测点位。

对于加油站排污单位，根据产排污分析及《加油站大气污染物排放标准》（GB 20952—2020）的规定，在企业边界、加油站油气回收系统密闭点处设置监测点位。

（2）监测指标

根据《储油库大气污染物排放标准》（GB 20950—2020）、《加油站大气污染物排放标准》（GB 20952—2020）的规定，储油库、加油站企业边界的监测指标为非甲烷总烃，且当储油库储存介质为凝析油、燃料油时，应增加硫化氢监测指标。根据《挥发性有机物无组织排放控制标准》（GB 37822—2019）的规定，各

类密封点、密闭点的监测指标为泄漏检测值，罐车底部发油快速接头泄漏点的监测指标为油品滴洒量。

此外，监测时应同步监测气象参数。泄漏检测值的监测方法按照《泄漏和敞开液面排放的挥发性有机物检测技术导则》（HJ 733—2014）、《储油库大气污染物排放标准》（GB 20950—2020）、《加油站大气污染物排放标准》（GB 20952—2020）的规定执行。油气泄漏检测可同步采用红外摄像方式辅助进行。

4.3.2.2 监测频次的确定

依据《总则》的规定，参照《储油库大气污染物排放标准》（GB 20950—2020）、《加油站大气污染物排放标准》（GB 20952—2020）、《排污许可证申请与核发技术规范 储油库、加油站》（HJ 1118—2020），储油库、加油站企业边界的非甲烷总烃重点排污单位半年监测一次，非重点排污单位每年监测一次。储油库油气收集系统密封点、加油站油气回收系统密闭点的泄漏检测值重点排污单位半年监测一次，非重点排污单位每年监测一次。

根据《挥发性有机物无组织排放控制标准》（GB 37822—2019）的规定，泵、压缩机、搅拌器（机）、阀门、开口阀或开口管线、泄压设备、取样连接系统每半年开展一次泄漏检测，法兰及其他连接件、其他密封设备每年开展一次泄漏检测。同时规定，储油库中载有气态VOCs物料、液态VOCs物料的设备与管线组件，密封点数量≥2 000个的，应开展泄漏检测。满足《挥发性有机物无组织排放控制标准》（GB 37822—2019）中豁免条件的，可免予泄漏检测。

根据《储油库大气污染物排放标准》（GB 20950—2020）的规定，储油库罐车底部发油快速接头泄漏点每月检测一次油品滴洒量，油品滴洒量的测定应在罐车底部发油结束断开快速接头时开展，取连续3次断开操作的平均值。

储油库、加油站排污单位无组织废气排放监测点位设置应遵循《总则》中的原则，其排放监测点位、监测指标及最低监测频次按表4-3执行。

表 4-3　无组织废气监测点位、监测指标及最低监测频次

排污单位类型	监测点位	监测指标	监测频次	
			重点排污单位	非重点排污单位
储油库	企业边界	非甲烷总烃、硫化氢 [a]	半年	年
	储油库油气收集系统密封点	泄漏检测值	半年	年
	泵、压缩机、搅拌器（机）、阀门、开口阀或开口管线、泄压设备、取样连接系统 [b]	泄漏检测值	半年	
	法兰及其他连接件、其他密封设备 [b]	泄漏检测值	年	
	罐车底部发油快速接头泄漏点	油品滴洒量 [c]	月	
加油站	企业边界	非甲烷总烃	半年	年
	加油站油气回收系统密闭点	泄漏检测值	半年	年

注：1. 应同步监测气象参数。

2. 泄漏检测值的监测方法按照 HJ 733—2014、GB 20950—2020、GB 20952—2020 中的规定执行。

3. 油气泄漏检测可同步采用红外摄像方式辅助进行。

[a] 适用于储存介质为凝析油、燃料油的情况。

[b] 储油库中载有气态 VOCs 物料、液态 VOCs 物料的设备与管线组件，密封点数量≥2 000 个的，应开展泄漏检测。满足 GB 37822—2019 中豁免条件的，可免予泄漏检测。

[c] 油品滴洒量的测定应在罐车底部发油结束断开快速接头时开展，取连续 3 次断开操作的平均值。

另外，根据不同排放源排放特征，储油库企业边界废气监测采样不应在向铁路罐车发油时进行。储油库油气收集系统密封点的泄漏检测应在发油时段进行，其中连接油船的油气收集系统密封点的泄漏检测应在发油时段中后期进行。

4.3.3　加油站油气回收系统监测

参照《加油站大气污染物排放标准》（GB 20952—2020）对加油站油气回收系统的监测点位、监测指标、监测频次进行规定。在加油站油气回收立管处设置监测点位，监测液阻、密闭性指标，重点排污单位每半年监测一次，非重点排污单位每年监测一次。在加油枪喷管处设置监测点位，监测气液比指标，重点排污单位每半年监测一次，非重点排污单位每年监测一次。

加油站油气回收系统监测点位、监测指标及最低监测频次按照表4-4执行。

表 4-4　加油站油气回收系统监测点位、监测指标及最低监测频次

监测点位	监测指标	监测频次	
		重点排污单位	非重点排污单位
加油站油气回收立管	液阻	半年	年
	密闭性	半年	年
加油枪喷管	气液比	半年	年

加油站油气回收系统监测指标的检测方法执行《加油站大气污染物排放标准》（GB 20952—2020）的附录A～附录C。

4.3.4　在线监测

参照《加油站大气污染物排放标准》（GB 20952—2020）对加油站在线监测系统进行以下规定：

（1）加油站在线监测系统应能够监测每条加油枪气液比和油气回收系统压力，具备至少储存1年数据、远距离传输，具备预警、警告功能。在线监测系统监测功能、技术要求和预报警条件等执行《加油站大气污染物排放标准》（GB 20952—2020）的附录E。

（2）加油站在线监测系统可在卸油口附近、加油机内/外（加油区）、人工量油井、油气处理装置排放口等处安装浓度传感器监测油气泄漏浓度。

（3）加油站在线监测系统可在卸油区附近、人工量油井、加油区等重点区域安装视频监测用高清摄像头，连续对卸油操作、手工量油、加油操作等进行视频录像并存储。可整合利用加油站现有视频设备，视频资料应保持3个月以上以备生态环境部门监督检查，并预留接入环保管理平台的条件。

（4）加油站在线监测系统应能监测油气处理装置进出口的压力、油气温度（冷凝法）、实时运行情况和运行时间等。

（5）加油站在线监测系统应每年至少校准检测1次，校准检测方法参见《加油站大气污染物排放标准》（GB 20952—2020）的附录F。

4.4　厂界环境噪声监测

厂界环境噪声监测点位设置应遵循《总则》中的规定：根据厂内主要噪声源距厂界位置布点；根据厂界周围敏感目标布点；"厂中厂"是否需要监测由内部和外围排污单位协商确定；面临海洋、大江、大河的厂界，原则上不布点；厂界紧邻交通干线不布点；厂界紧邻另一排污单位的，在临近另一排污单位是否布点由排污单位协商确定。

加油站噪声源单一，主要为加油机泵的噪声及加油车辆产生的交通噪声，且加油机泵加油噪声较小，远小于加油站周边交通噪声，因此，不对加油站厂界环境噪声监测进行强制要求。

储油库厂界环境噪声监测点位设置应遵循《总则》中的原则，主要考虑各类压缩机、泵、调压阀、节流阀等噪声源在储油库内的分布情况和周边噪声敏感建筑物的位置。若排污单位还存在其他噪声源，应一并考虑，同时根据不同噪声源的强度选择对周边居民影响最大的位置开展监测。

储油库厂界环境噪声每季度至少开展一次昼、夜噪声监测，监测指标为等效连续 A 声级。夜间有频发、偶发噪声影响时，应同时测量频发、偶发最大声级。夜间不生产的可不开展夜间噪声监测，周边有噪声敏感建筑物的，应提高监测频次。

4.5　周边环境质量影响监测

法律法规有明确要求的，排污单位应按要求开展周边环境质量影响监测。无明确要求的，若排污单位认为有必要的，可根据实际情况参照表 4-5 对各类场站周边环境空气、地表水、海水、地下水和土壤开展监测。

表 4-5   周边环境质量影响监测指标及最低监测频次

环境要素	监测指标	监测频次
环境空气	非甲烷总烃、硫化氢 [a]	半年
地表水	pH、化学需氧量、氨氮、悬浮物、石油类、总有机碳、挥发酚 [b]、总氰化物 [b]	季度
海水	pH、化学需氧量、氨氮、悬浮物、石油类、总有机碳、挥发酚 [b]、总氰化物 [b]	半年
地下水 [a]	石油类、石油烃（C_6—C_9）、石油烃（C_{10}—C_{40}）、甲基叔丁基醚 [d]	半年
土壤 [c]	石油类、石油烃（C_6—C_9）、石油烃（C_{10}—C_{40}）、甲基叔丁基醚 [d]	年

注：[a] 适用于储存介质为凝析油时的情况。

　　[b] 适用于有切水作业的原油储库。

　　[c] 当监测指标出现异常时，可按照 HJ 164—2020 附录 F 中石油生产销售区特征项目开展监测。

　　[d] 适用于汽油储库、加油站。

开展环境空气监测的，可按照《环境空气质量手工监测技术规范》（HJ 194—2017）、《环境空气质量监测点位布设技术规范（试行）》（HJ 664—2013）的相关规定设置监测点位；对于废水排入地表水、海水的排污单位，可按照《地表水环境质量监测技术规范》（HJ 91.2—2022）、《近岸海域环境监测技术规范　第八部分　直排海污染源及对近岸海域水环境影响监测》（HJ 442.8—2020）及受纳水体环境管理要求设置监测断面和监测点位；开展土壤、地下水监测的，可按照《环境影响评价技术导则　地下水环境》（HJ 610—2016）、《地下水环境监测技术规范》（HJ 164—2020）、《环境影响评价技术导则　土壤环境（试行）》（HJ 964—2018）、《土壤环境监测技术规范》（HJ/T 166—2004）的相关标准设置监测点位。

环境空气监测指标主要选取储油库、加油站的 2 项气态特征污染物，监测频次参照《总则》要求规定为半年一次。

地表水、海水监测指标参照废水总排放口监测指标进行规定，监测频次为地表水每季度监测一次，海水半年监测一次。

地下水、土壤监测指标分别从《地下水环境监测技术规范》（HJ 164—2020）附录 F 中的石油生产销售区中的潜在特征项目中、《土壤环境质量　建设用地土壤污染风险管控标准（试行）》（GB 36600—2018）中的污染物项目中，选择石油类、石油烃（C_6—C_9）、石油烃（C_{10}—C_{40}）、甲基叔丁基醚共计 4 项特征监测指标，其中甲基叔丁基醚监测指标适用于汽油储库、加油站。当地下水监测指标出现异常时，可按照《地下水环境监测技术规范》（HJ 164—2020）附录 F 中的石油生产销售区特征项目开展监测；当土壤监测指标出现异常时，可按照《土壤环境质量　建设用地土壤污染风险管控标准（试行）》（GB 36600—2018）表 1 中的污染物项目开展监测。地下水监测频次参照《地下水环境监测技术规范》（HJ 164—2020）表 1 中的要求设置为半年一次，土壤监测频次按照《总则》的要求设置为每年一次。

4.6　其他要求

（1）《储油库、加油站指南》中未规定的污染物指标

储油库、加油站排污单位所持的排污许可证，所执行的污染物排放（控制）标准、环境影响评价文件及其批复［仅限 2015 年 1 月 1 日（含）后取得环境影响评价批复的排污单位］，以及相关生态环境管理规定明确要求的污染物指标，也应纳入自行监测范围。另外，除《储油库、加油站指南》规定的典型工艺所涉及的污染物指标外，排污单位根据生产过程的原辅用料、生产工艺、中间及最终产品类型和监测结果确定实际排放的、在有毒有害污染物名录或优先控制化学品名录中的污染物指标，以及其他有毒污染物指标，也应纳入自行监测范围。这些纳入自行监测范围的污染物指标，应参照《储油库、加油站指南》表 1～表 3，以及《总则》确定的监测点位和监测频次。

（2）监测频次的确定

《储油库、加油站指南》规定的监测频次均为最低监测频次，排污单位在确保各指标的监测频次满足《储油库、加油站指南》的基础上，可根据《总则》中监测频次的确定原则提高监测频次。监测频次的确定原则为，不应低于国家或地方发布的标准、规范性文件、规划、环境影响评价文件及其批复等明确规定的监测

频次；重点排污单位依法依规应当安装使用自动监测设备，非重点排污单位不作强制性要求，相应点位、指标的监测频次参照自行监测技术指南确定；主要排放口的监测频次高于非主要排放口；主要监测指标的监测频次高于其他监测指标；排向敏感地区的应适当增加监测频次；排放状况波动大的，应适当增加监测频次；历史稳定达标状况较差的需增加监测频次，达标状况良好的可以适当降低监测频次；监测成本应与排污企业自身能力相一致，尽量避免重复监测。

（3）其他要求

对于《储油库、加油站指南》中未规定的内容，如内部监测点位设置及监测要求、采样方法、监测分析方法、监测质量保证与质量控制、监测方案的描述和变更等按照《总则》执行。

4.7 自行监测方案示例

为了便于正确掌握和应用本章中监测方案示例，特别强调以下两点：

第一，本书附录 5 中列出了可供参考的完整的自行监测方案模板示例，排污单位可根据示例和本单位实际情况，进行相应的调整完善，作为本单位的监测方案使用。本章重点针对附录 5 中的监测点位、监测指标、监测频次、监测方法等内容给出示例，对于共性较大的描述性内容和质量控制等相关内容，在本章中不再进行列举，但并不意味其不重要或者不需要。

第二，本书给出的排放限值仅用于示例，可能会存在与实际要求略有差异的情况，这既与各地实际管理要求有关，也与案例企业的特殊情况有关，本书对此不做深入解释和说明。

4.7.1 示例 1：某储油库企业

（1）企业基本情况

某储油库目前共有汽油储罐 25 000 m³（3 座 2 000 m³、3 座 3 000 m³、2 座

5 000 m³），汽车发油棚为 5 个汽柴油混装车位，4 组下装鹤管发油管组。生产废水经废水收集池后再外排；生活污水经化粪池处理后，经市政污水管网排入下游市政污水处理厂；来自罐区的初期雨水及油罐清洗的含油废水排入隔油池，经隔油处理后外排。

设置真空油气回收装置两套，一用一备，油气回收装置是采用真空减压切换吸附法进行吸附回收的装置，是采用两座吸附塔分别在大气压下进行吸附、在真空下进行解吸的方法，主要包括吸附、解吸、均压和油气回收 4 道工序。处理气体导入一塔进行吸附的同时，另一塔则通过真空泵减压进行解吸。经过一定时间的解吸后，通过自动控制阀使正在进行吸附或者解吸的两塔自动切换，吸附工序和解吸工序将循环交替，被解析出来的油气则通过回收工序进行回收。采用密闭真空收集和回收处理，且对油气回收装置进行定期检测。油气回收装置位于储罐南侧，紧邻汽车装卸区。

依据《××省 2023 年重点排污单位名录》，本单位属于非重点排污单位。

（2）自行监测方案

①废水

针对企业废水总排放口、雨水排放口的自行监测方案见表 4-6。企业生活污水间接排放，不开展自行监测。

表 4-6　废水排放监测方案

排放口	监测指标	排放限值	监测方式	监测频次	分析方法
废水总排放口（W001）	流量	—	手工监测	月	—
	化学需氧量	60 mg/L	手工监测	月	《水质　化学需氧量的测定　重铬酸盐法》（HJ 828—2017）
	氨氮	8.0 mg/L	手工监测	月	《水质　氨氮的测定　纳氏试剂分光光度法》（HJ 535—2009）
	石油类	5.0 mg/L	手工监测	季度	《水质　石油类和动植物油类的测定　红外分光光度法》（HJ 637—2018）
	pH	6～9	手工监测	季度	《水质　pH 值的测定　电极法》（HJ 1147—2020）

排放口	监测指标	排放限值	监测方式	监测频次	分析方法
废水总排放口（W001）	悬浮物	70 mg/L	手工监测	季度	《水质　悬浮物的测定　重量法》（GB 11901—89）
	总有机碳	20 mg/L	手工监测	半年	《水质　总有机碳的测定　燃烧氧化-非分散红外吸收法》（HJ 501—2009）
雨水排放口（W002）	化学需氧量	60 mg/L	手工监测	季度	《水质　化学需氧量的测定　重铬酸盐法》（HJ 828—2017）
	石油类	5.0 mg/L	手工监测	季度	《水质　石油类和动植物油类的测定　红外分光光度法》（HJ 637—2018）

注：雨水排放口有流动水排放时按季度监测。

②废气

针对企业油气回收等有组织废气排放的自行监测方案见表 4-7。

表 4-7　有组织废气排放监测方案

监测点位	监测指标	排放限值	监测方式	监测频次	分析方法
油气回收装置排气筒废气进口及排放口（DA001）	非甲烷总烃	25 g/m³ 95%	手工监测	月	《固定污染源废气　总烃、甲烷和非甲烷总烃的测定　气相色谱法》（HJ 38—2017）
污水处理设施有机废气收集处理装置排气筒（DA002）	非甲烷总烃	120 mg/m³	手工监测	半年	《固定污染源废气　总烃、甲烷和非甲烷总烃的测定　气相色谱法》（HJ 38—2017）

注：同步监测烟气参数。

针对企业厂界与泄漏逸散无组织排放的自行监测方案见表 4-8。

表 4-8　无组织废气排放监测方案

监测点位	监测指标	排放限值	监测方式	监测频次	分析方法
企业边界（东）	非甲烷总烃	4.0 mg/m³	手工监测	年	《环境空气　总烃、甲烷和非甲烷总烃的测定　直接进样-气相色谱法》（HJ 604—2017）
企业边界（南）					
企业边界（西）					
企业边界（北）					

监测点位	监测指标	排放限值	监测方式	监测频次	分析方法
储油库油气收集系统密封点	泄漏检测值	500 μmol/mol	手工监测	年	《工业企业挥发性有机物泄漏检测与修复技术指南》（HJ 1230—2021）
泵、压缩机、搅拌器（机）、阀门、开口阀或开口管线、泄压设备、取样连接系统	泄漏检测值	500 μmol/mol	手工监测	半年	《工业企业挥发性有机物泄漏检测与修复技术指南》（HJ 1230—2021）
法兰及其他连接件、其他密封设备	泄漏检测值	500 μmol/mol	手工监测	年	《工业企业挥发性有机物泄漏检测与修复技术指南》（HJ 1230—2021）
罐车底部发油快速接头泄漏点	油品滴洒量	10 mL	手工监测	月	《储油库大气污染物排放标准》（GB 20950—2020）

注：同步监测气象参数。

③厂界环境噪声

对储油库四周环境噪声开展监测，监测方案见表 4-9。

表 4-9　厂界环境噪声监测

监测点位	监测指标	排放限值	监测方式	监测频次	监测方法
企业边界（东）	连续等效A声级	65 dB（A）（昼）；55 dB（A）（夜）	手工监测	季度	《工业企业厂界环境噪声排放标准》（GB 12348—2008）
企业边界（南）					
企业边界（西）					
企业边界（北）					

④周边环境质量影响监测

排入的工业净化水库（地表水）、地下水、土壤设置监测点位，对周边环境质量影响状况开展自行监测，监测方案见表 4-10。

表 4-10　周边环境质量监测方案

监测点位	监测指标	监测方式	监测频次	监测方法
净化水库（地表水）	pH	手工监测	季度	《水质　pH 值的测定　电极法》（HJ 1147—2020）
	化学需氧量	手工监测	季度	《水质　化学需氧量的测定　重铬酸盐法》（HJ 828—2017）
	氨氮	手工监测	季度	《水质　氨氮的测定　纳氏试剂分光光度法》（HJ 535—2009）
	悬浮物	手工监测	季度	《水质　悬浮物的测定　重量法》（GB 11901—89）
	石油类	手工监测	季度	《水质　石油类和动植物油类的测定　红外分光光度法》（HJ 637—2018）
	总有机碳	手工监测	季度	《水质　总有机碳的测定　燃烧氧化-非分散红外吸收法》（HJ 501—2009）
	挥发酚	手工监测	季度	《生活饮用水标准检验方法　感官性状和物理指标　4-氨基安替吡啉三氯甲烷萃取分光光度法》（GB/T 5750.4—2006）
	总氰化物	手工监测	季度	《水质　氰化物的测定　容量法和分光光度法》（HJ 484—2009）
地下水观测井	石油类	手工监测	半年	《水质　石油类和动植物油类的测定　红外分光光度法》（HJ 637—2018）
	石油烃（C_6—C_9）	手工监测	半年	《水质　挥发性石油烃（C_6—C_9）的测定　吹扫捕集气相色谱法》（HJ 893—2017）
	石油烃（C_{10}—C_{40}）	手工监测	半年	《水质　可萃取性石油烃（C_{10}—C_{40}）的测定　气相色谱法》（HJ 894—2017）
	甲基叔丁基醚	手工监测	半年	《水质　甲基叔丁基醚的测定　吹扫捕集/气相色谱-质谱法》（DB46/T 482—2019）
土壤	石油类	手工监测	年	《土壤　石油类的测定　红外分光光度法》（HJ 1051—2019）
	石油烃（C_6—C_9）	手工监测	年	《土壤和沉积物　石油烃（C_6—C_9）的测定　吹扫捕集/气相色谱法》（HJ 1020—2019）
	石油烃（C_{10}—C_{40}）	手工监测	年	《土壤和沉积物　石油烃（C_{10}—C_{40}）的测定　气相色谱法》（HJ 1021—2019）
	甲基叔丁基醚	手工监测	年	《土壤和沉积物　15 种酮类和 6 种醚类化合物的测定　顶空/气相色谱-质谱法》（HJ 1289—2023）

4.7.2 示例 2：某加油站企业

（1）企业基本情况

某加油站有限公司位于某国道边，共有地下储油罐 3 个（2 个汽油罐、1 个柴油罐），加油机 3 台，每台加油机配备 4 把加油枪（8 把汽油加油枪、4 把柴油加油枪），行业类别为机动车燃油零售。

废水主要为职工生活污水和收集的雨水，全部排入市政污水系统，不外排。该加油站卸油过程产生的 VOCs 通过卸油车自带的油气回收装置进行处理；汽油加油枪加油过程中产生的 VOCs 通过油枪自带的油气回收装置进行处理。加油站未安装在线监测系统。依据《××市 2022 年重点排污单位名录》，本单位属于非重点排污单位。

（2）自行监测方案

①废水

无废水排放口，不开展自行监测。

②废气

针对企业油气处理装置排气筒废气排放的自行监测方案见表 4-11。

表 4-11 有组织废气排放监测方案

监测点位	监测指标	排放限值	监测方式	监测频次	分析方法
油气处理装置排气筒（DA001）	非甲烷总烃	25 g/m³	手工监测	月	《加油站大气污染物排放标准》（GB 20952—2020）附录 D《固定污染源废气 总烃、甲烷和非甲烷总烃的测定 气相色谱法》（HJ 38—2017）

注：同步监测烟气参数。

针对企业厂界与泄漏逸散无组织排放的自行监测方案见表 4-12。

表 4-12   无组织废气排放监测方案

监测点位	监测指标	排放限值	监测方式	监测频次	分析方法
企业边界（东）	非甲烷总烃	4.0 mg/m³	手工监测	年	《环境空气　总烃、甲烷和非甲烷总烃的测定　直接进样-气相色谱法》（HJ 604—2017）
企业边界（南）					
企业边界（西）					
企业边界（北）					
加油站油气收集系统密封点	泄漏检测值	500 μmol/mol	手工监测	年	《工业企业挥发性有机物泄漏检测与修复技术指南》（HJ 1230—2021）

注：同步监测气象参数。

针对企业加油站油气回收系统的自行监测方案见表 4-13。

表 4-13   加油站油气回收系统监测方案

监测点位	监测指标	排放限值	监测方式	监测频次	分析方法
1 号加油机油气回收立管	密闭性	依据 GB 20952—2020 表 2	手工监测	年	《加油站大气污染物排放标准》（GB 20952—2020）附录 B
2 号加油机油气回收立管	密闭性	依据 GB 20952—2020 表 2	手工监测	年	《加油站大气污染物排放标准》（GB 20952—2020）附录 B
	液阻	依据 GB 20952—2020 表 1	手工监测	年	《加油站大气污染物排放标准》（GB 20952—2020）附录 A
1 号汽油枪喷管	气液比	1.0～1.2	手工监测	年	《加油站大气污染物排放标准》（GB 20952—2020）附录 C
2 号汽油枪喷管					
3 号汽油枪喷管					
4 号汽油枪喷管					
5 号汽油枪喷管					
6 号汽油枪喷管					
7 号汽油枪喷管					
8 号汽油枪喷管					

③厂界环境噪声

本加油站不开展环境噪声监测。

④周边环境质量影响监测

加油站设置 1 口地下水监测井、1 个土壤监测点位，对周边环境质量影响状况开展自行监测，监测方案见表 4-14。

表 4-14　周边环境质量监测方案

监测点位	监测指标	监测方式	监测频次	监测方法
地下水监测井	石油类	手工监测	半年	《水质　石油类和动植物油类的测定　红外分光光度法》（HJ 637—2018）
	石油烃（C_6—C_9）	手工监测	半年	《水质　挥发性石油烃（C_6—C_9）的测定　吹扫捕集气相色谱法》（HJ 893—2017）
	石油烃（C_{10}—C_{40}）	手工监测	半年	《水质　可萃取性石油烃（C_{10}—C_{40}）的测定　气相色谱法》（HJ 894—2017）
	甲基叔丁基醚	手工监测	半年	《水质　甲基叔丁基醚的测定　吹扫捕集/气相色谱-质谱法》（DB46/T 482—2019）
土壤	石油类	手工监测	年	《土壤　石油类的测定　红外分光光度法》（HJ 1051—2019）
	石油烃（C_6—C_9）	手工监测	年	《土壤和沉积物　石油烃（C_6—C_9）的测定　吹扫捕集/气相色谱法》（HJ 1020—2019）
	石油烃（C_{10}—C_{40}）	手工监测	年	《土壤和沉积物　石油烃（C_{10}—C_{40}）的测定　气相色谱法》（HJ 1021—2019）
	甲基叔丁基醚	手工监测	年	《土壤和沉积物　15 种酮类和 6 种醚类化合物的测定　顶空/气相色谱-质谱法》（HJ 1289—2023）

第5章 监测设施设置与维护要求

监测设施是监测活动开展的重要基础，监测设施的规范性直接影响监测数据质量。我国涉及的监测设施设置与维护要求的标准规范有很多，但相对零散，且存在衔接不够紧密的地方。本章立足现有的标准规范，结合污染源监测实际开展情况，对监测设施设置与维护要求进行全面梳理和总结，供开展污染源监测的相关人员参考。

5.1 基本原则和依据

5.1.1 基本原则

排污单位应当依据国家污染源监测相关标准规范、污染物排放标准、自行监测相关技术指南和其他相关规定等进行监测点位的确定和排污口规范化设置；地方颁布执行的污染源监测标准规范、污染物排放标准等对监测点位的确定和排污口规范化设置有要求时，可按照地方标准、规范从严执行。

5.1.2 相关依据

排污单位的排污口主要包括废水排放口和废气排放口。

目前，国家有关废水监测点位确定及排污口规范化设置的标准规范主要包括

《污水监测技术规范》（HJ 91.1—2019）、《水污染物排放总量监测技术规范》（HJ/T 92—2002）、《固定污染源监测质量保证与质量控制技术规范（试行）》（HJ/T 373—2007）、《水污染源在线监测系统（COD_{Cr}、NH_3-N 等）安装技术规范》（HJ 353—2019）等。

废气监测点位确定及规范化设置的标准规范主要包括《固定污染源排气中颗粒物测定与气态污染物采样方法》（GB/T 16157—1996）、《固定源废气监测技术规范》（HJ/T 397—2007）、《固定污染源监测质量保证与质量控制技术规范（试行）》（HJ/T 373—2007）、《固定污染源烟气（SO_2、NO_x、颗粒物）排放连续监测技术规范》（HJ 75—2017）、《固定污染源烟气（SO_2、NO_x、颗粒物）排放连续监测系统技术要求及检测方法》（HJ 76—2017）等。

对于各类污染物排放口监测点位标志牌的规范化设置，主要依据《排放口标志牌技术规格》（环办〔2003〕95 号），以及《环境保护图形标志——排放口（源）》（GB 15562.1—1995）等执行。

此外，《排污口规范化整治技术要求（试行）》（环监〔1996〕470 号）对排污口规范化整治技术提出了总体要求，部分省、自治区、直辖市、地级市也对其辖区排污口的规范化管理发布了技术规定和标准；各行业污染物排放标准以及各重点行业的排污单位自行监测的相关技术指南则对废水、废气排放口监测点位进行了进一步明确。

5.2　废水监测点位的确定及排污口规范化设置

5.2.1　废水排放口的类型及监测点位确定

排污单位的废水排放口一般包括废水总排口、车间废水排放口、雨水排放口、生活污水排放口等。

废水总排口排放的废水一般应包括排污单位的生产废水、生活污水、初期雨水、事故废水等，开展自行监测的排污单位均须在废水总排放口设置监测点位。

对于排放一类污染物的排污单位，即排放环境中难以降解或能在动植物体内蓄积，对人体健康和生态环境产生长远不良影响，具有致癌、致畸、致突变污染物的排污单位，必须在车间废水排放口设置监测点位，对一类污染物进行监测。

考虑到排污单位生产过程中，可能会有部分污染物通过雨水排放系统排入外环境，因此排污单位还应在雨水排放口设置监测点位，并在雨水排放口有雨水排放时开展监测。

部分排污单位的生产废水和生活污水分别设置了排放口，对于此类排污单位，除在生产废水排放口设置监测点位外，还应在生活污水排放口设置监测点位。

此外，排污单位还应根据各行业自行监测技术指南的相关要求设置监测点位。

5.2.2　废水排放口的规范化设置

废水排放口的设置应满足以下要求：

（1）排放口应按照《环境保护图形标志——排放口（源）》（GB 15562.1—1995）的要求设置明显标志，废水排放口可以是矩形、圆形或梯形，一般使用混凝土、钢板或钢管等原料。

（2）排放口应满足现场采样和流量测定要求，用暗管或暗渠排污的，应设置一段能满足采样条件和流量测量的明渠。测流段水流应平直、稳定、集中，无下游水流顶托影响，上游顺直长度应大于 5 倍测流段最大水面宽度，同时测流段水深应大于 0.1 m 且不超过 1 m。

（3）废水排放口应能够方便安装三角堰、矩形堰、测流槽等测流装置或其他计量装置。有废水自动监测设施的排放口，还应满足安装污水水量自动计量装置（如超声波明渠流量计、管道式电磁流量计等）、采样取水系统、水质自动采样器等设备、设施的要求。

（4）排污单位应单独设置各类废水排放口，避免多家不同排污单位共用一个废水排放口。

5.2.3 采样点及监测平台的规范化设置

各类废水排放口的实际采样位置即采样点，一般应设在排污单位厂界内或厂界外不超过 10 m 范围内。压力管道式排放口应安装取样阀门；废水直接从暗渠排入市政管道的，应在排污单位厂界内或排入市政管道前设置取样口。有条件的排污单位应尽量设置一段能满足采样条件的明渠，以方便采样。

污水面在地面以下超过 1 m 的排放口，应配建取样台阶或梯架。监测平台面积应不小于 1 m²，平台应设置不低于 1.2 m 的防护栏、高度不低于 10 cm 的脚部挡板。监测平台、梯架通道及防护栏的相关设计载荷及制造安装应符合《固定式钢梯及平台安全要求 第 3 部分：工业防护栏杆及钢平台》（GB 4053.3—2009）的要求。

应保证污水监测点位场所通风、照明正常，还应在有毒有害气体的监测场所设置强制通风系统，并安装相应的气体浓度报警装置。

5.2.4 废水自动监测设施的规范化设置

5.2.4.1 监测站房

废水自动监测站房的设置，应满足以下要求：

（1）应建有专用监测站房，新建监测站房面积应满足不同监控站房的功能需要，并保证水污染源在线监测系统的摆放、运转和维护，使用面积应不小于 15 m²，站房高度应不低于 2.8 m。

（2）监测站房应尽量靠近采样点，与采样点的距离应小于 50 m。

（3）监测站房应安装空调和冬季采暖设备，空调具有来电自启动功能，具备温湿度计，保证室内清洁，环境温度、相对湿度和大气压等应符合《工业过程测量和控制装置 工作条件 第一部分：气候条件》（GB/T 17214.1—1998）的要求。

（4）监测站房内应配置安全合格的配电设备，能提供足够的电力负荷，功率≥5 kW，站房内应配置稳压电源。

（5）监测站房内应有合格的给排水设施，使用符合实验要求的用水清洗仪器及有关装置。

（6）监测站房应有完善规范的接地装置和避雷措施、防盗和防止人为破坏的设施，接地装置安装工程的施工应满足《电气装置安装工程　接地装置施工及验收规范》（GB 50169—2016）的相关要求，建筑物防雷设计应满足《建筑物防雷设计规范》（GB 50057—2010）的相关要求。

（7）监测站房内应配备灭火器箱、手提式二氧化碳灭火器、干粉灭火器或沙桶等，并按消防相关要求布置。

（8）监测站房不应位于通信盲区，应能够实现数据传输。

（9）监测站房的设置应避免对企业安全生产和环境造成影响。

（10）监测站房内、采样口等区域应安装视频监控设施。

5.2.4.2　水质自动采样单元的设置

废水自动监测设备的水质自动采样单元设置，应满足以下要求：

（1）水质自动采样单元具有采集瞬时水样及混合水样，混匀及暂存水样、自动润洗及排空混匀桶，以及留样功能。

（2）pH水质自动分析仪和温湿度计应原位测量或测量瞬时水样。

（3）COD_{Cr}、TOC、NH_3-N、TP、TN水质自动分析仪应测量混合水样。

（4）水质自动采样单元的构造应保证将水样不变质地输送到各水质分析仪，应有必要的防冻和防腐设施。

（5）水质自动采样单元应设置混合水样的人工比对采样口。

（6）水质自动采样单元的管路宜设置为明管，并标注水流方向。

（7）水质自动采样单元的管材应采用优质的聚氯乙烯（PVC）、三丙聚丙烯（PPR）等不影响分析结果的硬管。

（8）采用明渠流量计测量流量时，水质自动采样单元的采水口应设置在堰槽前方，合流后充分混合的场所，并尽量设在流量监测单元标准化计量堰（槽）取水口头部的流路中央，采水口朝向与水流的方向一致，减少采水部前端的堵塞。采水装置宜设置成可随水面的涨落而上下移动的形式。

（9）采样泵应根据采样流量、水质自动采样单元的水头损失及水位差合理选择。应使用寿命长、易维护，并且对水质参数没有影响的采样泵，安装位置应便于采样泵的维护。

5.2.4.3　水污染源在线监测仪器安装要求

水污染源在线监测仪器的安装，应满足以下要求：

（1）水污染源在线监测仪器的各种电缆和管路应加保护管，保护管应在地下铺设或空中架设，空中架设的电缆应附着在牢固的桥装架上，并在电缆、管路以及电缆和管路的两端设立明显标识。电缆线路的施工应满足《电气装置安装工程　电缆线路施工及验收标准》（GB 50168—2018）的相关要求。

（2）各仪器应落地或壁挂式安装，有必要的防振措施，保证设备安装牢固稳定。在仪器周围应留有足够空间，方便仪器维护。其他要求参照仪器相应说明书相关内容，应满足《自动化仪表工程施工及质量验收规范》（GB 50093—2013）的相关要求。

（3）必要时（如南方的雷电多发区），仪器和电源也应设置防雷设施。

5.2.4.4　流量计的安装要求

流量计的安装，应满足以下要求：

（1）采用明渠流量计测定流量，应按照《明渠堰槽流量计试行检定规程》（JJG 711—1990）、《城市排水流量堰槽测量标准　三角形薄壁堰》（CJ/T 3008.1—1993）、《城市排水流量堰槽测量标准　矩形薄壁堰》（CJ/T 3008.2—1993）、《城市排水流量堰槽测量标准　巴歇尔量水槽》（CJ/T 3008.3—1993）等技术要求修建或安装标准化计量堰（槽），并通过计量部门检定。主要流量堰槽的安装规范见《水污染源在线监测系统（COD$_{Cr}$、NH$_3$-N 等）安装技术规范》（HJ 353—2019）附录 D。

（2）应根据测量流量范围选择合适的标准化计量堰（槽），根据计量堰（槽）的类型确定明渠流量计的安装点位，具体要求如表 5-1 所示。

表 5-1 明渠流量计的安装点位

序号	堰槽类型	测量流量范围/（m³/s）	流量计安装点位
1	巴歇尔槽	0.1×10⁻³～93	应位于堰槽入口段（收缩段）1/3 处
2	三角形薄壁堰	0.2×10⁻³～1.8	应位于堰板上游 3～4 倍最大液位处
3	矩形薄壁堰	1.4×10⁻³～49	应位于堰板上游 3～4 倍最大液位处

（3）采用管道电磁流量计测定流量，应按照《环境保护产品技术要求 电磁管道流量计》（HJ/T 367—2007）等进行选型、设计和安装，并通过计量部门检定。

（4）电磁流量计在垂直管道上安装时，被测流体的流向应自下而上，在水平管道上安装时，两个测量电极不应在管道的正上方和正下方位置。流量计上游直管段长度和安装支撑方式应符合设计文件要求。管道设计应保证流量计测量部分管道水流时刻满管。

（5）流量计应安装牢固稳定，有必要的防振措施。仪器周围应留有足够空间，方便仪器维护与比对。

5.3 废气监测点位的确定及规范化设置

5.3.1 废气排放口类型及监测点位的确定

排污单位的废气排放口一般包括生产设施工艺废气排放口、自备火力发电机组（厂）或配套动力锅炉废气排放口、污染处理设施排放口（如自备危险废物焚烧炉废气排放口、污水处理设施废气排放口）等。

排气筒（烟道）是目前排污单位废气有组织排放的主要方式，因此，有组织废气的监测点位通常设置在排气筒（烟道）的横截断面（监测断面）上，并通过监测断面上的监测孔完成废气污染物的采样监测及流速、流量等废气参数的测量。

废气排放口监测点位的确定包括监测断面的设置及监测孔的设置两部分。排污单位应按照相关技术规范、标准的规定，根据所监测的污染物类别、监测技术手段的不同要求，先确定具体的废气排放口监测断面位置，再确定监测断面上监测孔的位置和数量。

5.3.2　监测断面规范化设置

5.3.2.1　基本要求

废气排放口监测断面包括手工监测断面和自动监测断面，监测断面设置应满足以下基本要求：

（1）监测断面应避开对测试人员操作有危险的场所，并在满足相关监测技术规范、标准规定的前提下，尽量选择方便监测人员操作、设备运输、安装的位置进行设置。

（2）若一个固定污染源排放的废气先通过多个烟道或管道后进入该固定污染源的总排气管，应尽可能将废气监测断面设置在总排气管上，不得只在其中的一个烟道或管道上设置监测断面开展监测并将测定值作为该源的排放结果；但允许在每个烟道或管道上均设置监测断面并同步开展废气污染物排放监测。

（3）监测断面一般优先选择设置在烟道垂直管段和负压区域，应避开烟道弯头和断面急剧变化的部位，确保所采集样品的代表性。

5.3.2.2　手工监测断面设置的具体要求

对于废气手工监测断面，在满足 5.3.2.1 中基本要求的同时，还应按照以下具体规定进行设置：

（1）颗粒态污染物及流速、流量监测断面

①监测断面的流速应不小于 5 m/s。

②监测断面位置应设置在距弯头、阀门、变径管下游方向不小于 6 倍直径（当量直径）和距上述部件上游方向不小于 3 倍直径（当量直径）处。

对矩形烟道，其当量直径按式（5-1）计算：

$$D = \frac{2AB}{A+B} \tag{5-1}$$

式中，A、B ——边长。

③现场空间位置有限，很难满足②中要求时，可选择比较适宜的管段采样。手工监测位置与弯头、阀门、变径管等的距离至少是烟道直径的 1.5 倍，并应适当增加测点的数量和采样频次。

（2）气态污染物监测断面

手工监测时若需要同步监测颗粒态污染物及流速、流量，则监测断面应按照 5.3.2.2（1）中的相关要求设置；否则，可不按上述要求设置，但要避开涡流区。

5.3.2.3　自动监测断面设置的具体要求

对于废气自动监测断面，在满足 5.3.2.1 中基本要求的同时，还应按照以下具体规定进行设置：

（1）一般要求

①位于固定污染源排放控制设备的下游和比对监测断面、比对采样监测孔的上游，且便于用参比方法进行校验。

②不受环境光线和电磁辐射的影响。

③烟道振动幅度尽可能小。

④安装位置应尽量避开烟气中水滴和水雾的干扰，如不能避开，应选用能够适用的检测探头及仪器。

⑤安装位置不漏风。

⑥固定污染源烟气净化设备设置有旁路烟道时，应在旁路烟道内安装自动监测设备采样和分析探头。

（2）颗粒态污染物及流速、流量监测断面

①监测断面的流速应不小于 5 m/s。

②用于颗粒物及流速自动监测设备采样和分析探头安装的监测断面位置，应设置在距弯头、阀门、变径管下游方向不小于 4 倍烟道直径，以及距上述部件上游方向不小于 2 倍烟道直径处。矩形烟道当量直径可按照式（5-1）计算。

③无法满足②中要求时，颗粒物及流速自动监测设备采样和分析探头的安装位置尽可能设置在气流稳定的断面，并采取相应措施保证监测断面烟气分布相对均匀，断面无紊流。对烟气分布均匀程度的判定采用相对均方根 σ_r 法，当 $\sigma_r \leqslant 0.15$ 时视为烟气分布均匀，σ_r 按式（5-2）计算：

$$\sigma_r = \sqrt{\frac{\sum_{i=1}^{n}(v_i - \bar{v})^2}{(n-1)\times \overline{v^2}}} \qquad (5\text{-}2)$$

式中，v_i——测点烟气流速，m/s；

$\bar{v}$——截面烟气平均流速，m/s；

n——截面上的速度测点数目，测点的选择按照《固定污染源排气中颗粒物测定与气态污染物采样方法》（GB/T 16157—1996）执行。

（3）气态污染物监测断面

①气态污染物自动监测设备采样和分析探头的安装位置，应设置在距弯头、阀门、变径管下游方向不小于 2 倍烟道直径，以及距上述部件上游方向不小于 0.5 倍烟道直径处。矩形烟道当量直径可按照式（5-1）计算。

②无法满足①中要求时，应按照 5.3.2.3（2）③中的相关要求及式（5-2）计算，设置监测断面。

③同步进行颗粒态污染物及流速、流量监测的，应优先满足颗粒态污染物及流速、流量监测断面的设置条件，监测断面的流速应不小于 5 m/s。

5.3.3　监测孔的规范化设置

5.3.3.1　监测孔规范化设置的基本要求

监测孔一般包括用于废气污染物排放监测的手工监测孔、用于废气自动监测设备校验的参比方法采样监测孔。

监测孔的设置应满足以下基本要求：

（1）监测孔位置应便于人员开展监测工作，应设置在规则的圆形或矩形烟道上，不宜设置在烟道的顶层。

（2）对于输送高温或有毒有害气体的烟道，监测孔应开在烟道的负压段；若负压段不能满足开孔需求，对正压下输送高温和有毒气体的烟道应安装带有闸板阀的密封监测孔，见图 5-1。

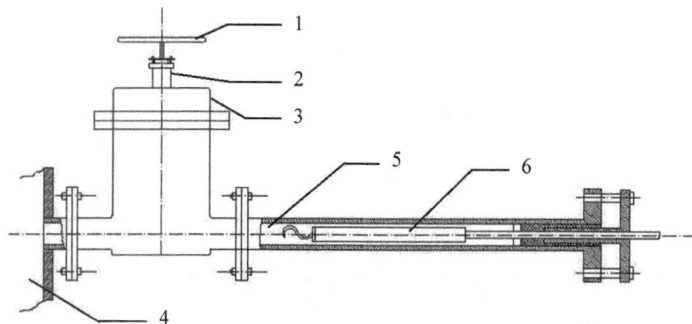

1—闸板阀手轮；2—闸板阀阀杆；3—闸板阀阀体；4—烟道；5—监测孔管；6—采样枪

图 5-1　带有闸板阀的密封监测孔

（3）监测孔的内径一般不小于 80 mm，新建或改建污染源废气排放口监测孔的内径应不小于 90 mm；监测孔管长不大于 50 mm（安装闸板阀的监测孔管除外）。监测孔在不使用时用盖板或管帽封闭，在监测使用时应易开合。

5.3.3.2　手工监测开孔的具体要求

在确定的监测断面上设置手工监测的监测孔时，应在满足 5.3.3.1 中基本要求的同时，按照以下具体规定设置：

（1）若监测断面为圆形的烟道，监测孔应设在包括各测点在内的互相垂直的直径线上，其中，断面直径小于 3 m 时，应设置相互垂直的 2 个监测孔；断面直径大于 3 m 时，应尽量设置相互垂直的 4 个监测孔，见图 5-2。

（2）若监测断面为矩形烟道，监测孔应设在包括各测点在内的延长线上，其中，监测断面宽度大于 3 m 时，应尽量在烟道两侧对开监测孔，具体监测孔数量按照《固定污染源排气中颗粒物测定与气态污染物采样方法》（GB/T 16157—1996）的要求确定，见图 5-3。

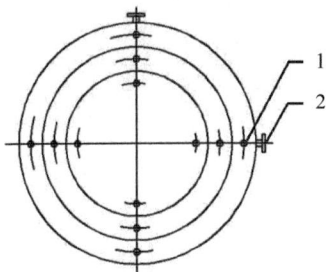

1—测点；2—监测孔

图 5-2　圆形断面测点与监测孔

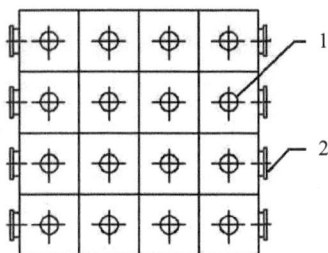

1—测点；2—监测孔

图 5-3　矩形断面测点与监测孔

5.3.3.3　自动监测设备参比方法采样监测开孔的具体要求

废气自动监测设备参比方法采样监测孔的设置，在满足 5.3.3.1 中基本要求的同时，还应按照以下具体规定设置：

（1）应在自动监测断面下游预留参比方法采样监测孔，在互不影响测量的前提下，参比方法采样监测孔应尽可能靠近废气自动监测断面，距离以 0.5 m 为宜。

（2）对于监测断面为圆形的烟道，参比方法采样监测孔应设在包括各测点在内的互相垂直的直径线上，其中，断面直径小于 4 m 时，应设置相互垂直的 2 个监测孔；断面直径大于 4 m 时，应尽量设置相互垂直的 4 个监测孔。

（3）若监测断面为矩形烟道，参比方法采样监测孔应设在包括各测点在内的延长线上，监测断面宽度大于 4 m 时，应尽量在烟道两侧对开监测孔，具体监测孔数量按照《固定污染源排气中颗粒物测定与气态污染物采样方法》（GB/T 16157—1996）的要求确定。

5.3.4 监测平台的规范化设置

监测平台应设置在监测孔的正下方 1.2～1.3 m 处，应安全、便于开展监测活动，必要时应设置多层平台以满足与监测孔距离的要求。

仅用于手工监测的平台可操作面积应大于 1.5 m^2（长度、宽度均不小于 1.2 m），最好应在 2 m^2 以上。用于安装废气自动监测设备和进行参比方法采样监测的平台面积在 4 m^2 以上（长度、宽度均不小于 2 m），或不小于采样枪长度外延 1 m。

监测平台应易于人员和监测仪器到达。应根据平台高度，按照《固定式钢梯及平台安全要求 第 1 部分：钢直梯》（GB 4053.1—2009）、《固定式钢梯及平台安全要求 第 2 部分：钢斜梯》（GB 4053.2—2009）的要求，设置直梯或斜梯。当监测平台距离地面或其他坠落面超过 2 m 时，不应设置直梯，应有通往平台的斜梯、旋梯或通过升降梯、电梯到达，斜梯、旋梯宽度应不小于 0.9 m，梯子倾角不超过 45°，其他具体指标详见 GB 4053.1—2009 和 GB 4053.2—2009。监测平台距离地面或其他坠落面超过 20 m 时，应有通往平台的升降梯，见图 5-4。

监测平台、通道的防护栏杆的高度应不低于 1.2 m，踢脚板不低于 10 cm。监测平台、通道、防护栏的设计载荷、制造安装、材料、结构及防护要求应符合《固定式钢梯及平台安全要求 第 3 部分：工业防护栏杆及钢平台》（GB 4053.3—2009）的要求，见图 5-5。

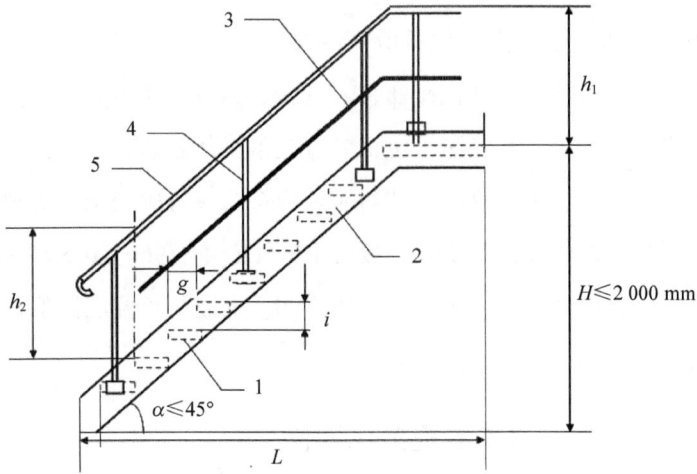

1—踏板；2—梯梁；3—中间栏杆；4—立柱；5—扶手；H—梯高；L—梯跨；

h_1—栏杆高；h_2—扶手高；α—梯子倾角；i—踏步高；g—踏步宽

图 5-4　固定式钢斜梯

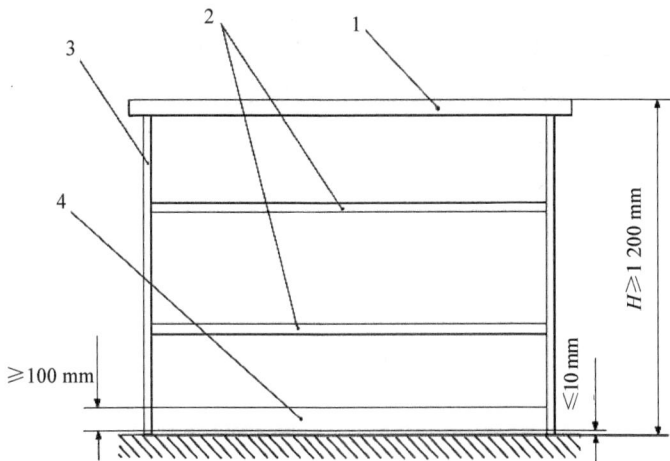

1—扶手（顶部栏杆）；2—中间栏杆；3—立柱；4—踢脚板；H—栏杆高度

图 5-5　防护栏杆

监测平台应设置一个防水低压配电箱，内设漏电保护器、不少于 2 个 16 A 插座及 2 个 10 A 插座，保证监测设备所需电力。

监测平台附近有造成人体机械伤害、灼烫、腐蚀、触电等危险源的，应在平台相应位置设置防护装置。监测平台上方有坠落物体隐患时，应在监测平台上方高处设置防护装置。防护装置的设计与制造应符合《机械安全　防护装置　固定式和活动式防护装置的设计与制造一般要求》（GB/T 8196—2018）的要求。

排放剧毒、致癌物及对人体有严重危害物质的监测点位应储备相应安全防护装备。

5.3.5　废气自动监测设施的规范化设置

5.3.5.1　监测站房的设置

废气自动监测站房的设置，应满足以下要求：

（1）应为室外的废气连续监测系统（CEMS）提供独立站房，监测站房与采样点之间的距离应尽可能近，原则上不超过 70 m。

（2）监测站房的地面使用荷载≥20 kN/m²。若站房内仅放置单台机柜，面积应≥2.5 m×2.5 m。若同一站房放置多套分析仪表的，每增加一台机柜，站房面积应至少增加 3 m²，以便于开展运维操作。站房空间高度应≥2.8 m，站房建在标高≥0 m 处。

（3）监测站房内应安装空调和采暖设备，室内温度应保持在 15～30℃，相对湿度应≤60%，空调应具有来电自动重启功能，站房内应安装排风扇或其他通风设施。

（4）监测站房内配电功率能够满足仪表实际要求，功率不少于 8 kW，至少预留三孔插座 5 个、稳压电源 1 个、UPS 电源 1 个。

（5）监测站房内应配备不同浓度的有证标准气体，且在有效期内。标准气体应当包含零气（含二氧化硫、氮氧化物浓度均≤0.1 μmol/mol 的标准气体，一般为高纯氮气，纯度≥99.999%；当测量烟气中二氧化碳时，零气中二氧化碳浓度≤400 μmol/mol，含有其他气体的浓度不得干扰仪器的读数）和 CEMS 测量的各种气体（SO_2、NO_x、O_2）的量程标气，以满足日常零点、量程校准、校验的需要。低浓度标准气体可由高浓度标准气体通过经校准合格的等比例稀释设备获得（精密度≤1%），也可单独配备。

（6）监测站房应有必要的防水、防潮、隔热、保温措施，在特定场合还应具备防爆功能。

（7）监测站房应具有能够满足废气连续监测系统数据传输要求的通信条件。

5.3.5.2　自动监测设备的安装施工要求

（1）废气自动监测系统安装施工应符合《自动化仪表工程施工及质量验收规范》（GB 50093—2013）、《电气装置安装工程电缆线路施工及验收标准》（GB 50168—2018）的规定。

（2）施工单位应熟悉废气自动监测系统的原理、结构、性能，应编制施工方案、施工技术流程图、设备技术文件、设计图样、监测设备及配件货物清单交接明细表、施工安全细则等有关文件。

（3）设备技术文件应包括资料清单、产品合格证、机械结构、电气、仪表安装的技术说明书、装箱清单、配套件、外购件检验合格证和使用说明书等。

（4）设计图样应符合技术制图、机械制图、电气制图、建筑结构制图等标准的规定。

（5）设备安装前的清理、检查及保养应符合以下要求：

①按交货清单和安装图样明细表清点检查设备及零部件，缺损件应及时处理，更换补齐。

②运转部件如取样泵、压缩机、监测仪器等，滑动部位均须清洗、注油润滑防护。

③因运输造成变形的仪器、设备的结构件应校正，并重新涂刷防锈漆及表面

油漆，保养完毕后应恢复原标记。

（6）现场端连接材料（垫片、螺母、螺栓、短管、法兰等）为焊件组对成焊时，壁（板）的错边量应符合以下要求：

①管子或管件对口、内壁齐平，最大错边量≤1 mm。

②采样孔的法兰与连接法兰几何尺寸极限偏差不超过±5 mm，法兰端面的垂直度极限偏差≤0.2%。

③采用透射法原理颗粒物监测仪器发射单元和颗粒物监测仪反射单元，测量光束从发射孔的中心出射到对面中心线相叠合的极限偏差≤0.2%。

（7）从探头到分析仪的整条采样管线的铺设应采用桥架或穿管等方式，保证整条管线具有良好的支撑。管线倾斜度≥5°，防止管线内积水，在每隔4～5 m处装线卡箍。当使用伴热管线时应具备稳定、均匀加热和保温的功能；其设置加热温度≥120℃，且应在烟气露点温度 10℃以上，其实际温度值应能够在机柜或系统软件中显示查询。

（8）电缆桥架安装应满足最大直径电缆的最小弯曲半径要求。电缆桥架的连接应采用连接片。配电套管应采用钢管和PVC管材质配线管，其弯曲半径应满足最小弯曲半径要求。

（9）应将动力与信号电缆分开敷设，保证电缆通路及电缆保护管的密封，自控电缆应符合输入和输出分开、数字信号和模拟信号分开配线和敷设的要求。

（10）安装精度和连接部件坐标尺寸应符合技术文件和图样规定。监测站房仪器应排列整齐，监测仪器顶平直度和平面度应不大于5 mm，监测仪器牢固固定，可靠接地。二次接线正确、牢固可靠，配导线的端部应标明回路编号。配线工艺整齐，绑扎牢固，绝缘性好。

（11）各连接管路、法兰、阀门封口垫圈应牢固完整，均不得有漏气、漏水现象。保持所有管路畅通，保证气路阀门、排水系统安装后应畅通和启闭灵活。自动监测系统空载运行 24 小时后，管路不得出现脱落、渗漏、振动强烈的现象。

（12）反吹气应为干燥清洁气体，反吹系统应进行耐压强度试验，试验压力为常用工作压力的 1.5 倍。

（13）电气控制和电气负载设备的外壳防护应符合《外壳防护等级（IP 代码）》（GB/T 4208—2017）的技术要求，户内达到防护等级 IP 24 级，户外达到防护等级 IP 54 级。

（14）防雷、绝缘要求。

①系统仪器设备的工作电源应有良好的接地措施，接地电缆应采用大于 4 mm^2 的独芯护套电缆，接地电阻小于 4 Ω，且不能和避雷接地线共用。

②平台、监测站房、交流电源设备、机柜、仪表和设备金属外壳、管缆屏蔽层和套管的防雷接地，可利用厂内区域保护接地网，采用多点接地方式。厂区内不能提供接地线或提供的接地线达不到要求的，应在子站附近重做接地装置。

③监测站房的防雷系统应符合《建筑物防雷设计规范》（GB 50057—2010）的规定，电源线和信号线设防雷装置。

④电源线、信号线与避雷线的平行净距离≥1 m，交叉净距离≥0.3 m（图 5-6）。

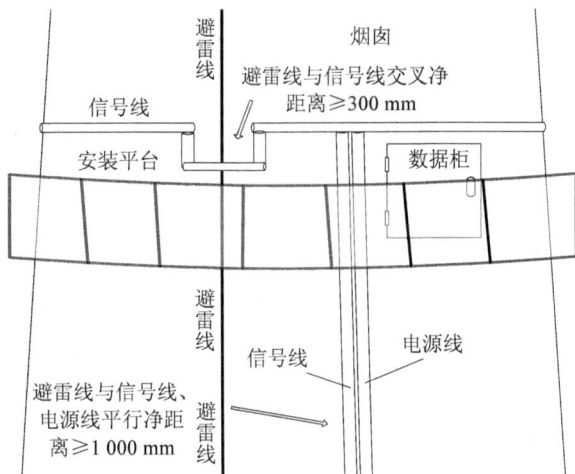

图 5-6　电源线、信号线与避雷线距离示意图

⑤由烟囱或主烟道上数据柜引出的数据信号线要经过避雷器引入监测站房，

应将避雷器接地端同站房保护地线可靠连接。

⑥信号线为屏蔽电缆线，屏蔽层应有良好绝缘，不可与机架、柜体发生摩擦、打火，屏蔽层两端及中间均需做接地连接（图 5-7）。

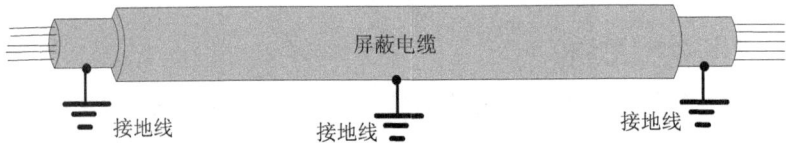

图 5-7　信号线接地示意图

5.4　排污口标志牌的规范化设置

5.4.1　标志牌设置的基本要求

排污单位应在排污口及监测点位设置标志牌，标志牌分为提示性标志牌和警告性标志牌两种。提示性标志牌用于向人们提供某种环境信息，警告性标志牌用于提醒人们注意污染物排放可能会造成危害。

一般性污染物排放口及监测点位应设置提示性标志牌。排放剧毒、致癌物及对人体有严重危害物质的排放口及监测点位应设置警告性标志牌，警告性标志图案应设置于警告性标志牌的下方。

标志牌应设置在距污染物排放口及监测点位较近且醒目处，并能长久保留。

排污单位可根据监测点位情况，设置立式或平面固定式标志牌。

5.4.2　标志牌技术规格

5.4.2.1　环保图形标志

（1）环保图形标志必须符合《环境保护图形标志——排放口（源）》

（GB 15562.1—1995）。

（2）图形颜色及装置颜色：

①提示性标志：底和立柱为绿色，图案、边框、支架和文字为白色；

②警告性标志：底和立柱为黄色，图案、边框、支架和文字为黑色。

（3）辅助标志内容

①排放口标志名称；

②单位名称；

③排放口编号；

④污染物种类；

⑤××生态环境局监制；

⑥排放口经纬度坐标、排放去向、执行的污染物排放标准、标志牌设置依据的技术标准等。

（4）辅助标志字型为黑体字

（5）标志牌尺寸

①平面固定式标志牌外形尺寸：提示性标志牌为 480 mm×300 mm；警告性标志牌边长为 420 mm。

②立式固定式标志牌外形尺寸：提示性标志牌为 420 mm×420 mm；警告性标志牌边长为 560 mm；高度为标志牌最上端距地面 2 m。

5.4.2.2　其他要求

（1）标志牌材料

①标志牌采用 1.5～2 mm 冷轧钢板；

②立柱采用 38×4 无缝钢管；

③表面采用搪瓷或者反光贴膜。

（2）标志牌的表面处理

①搪瓷处理或贴膜处理；

②标志牌的端面及立柱要经过防腐处理。

（3）标志牌的外观质量要求

①标志牌、立柱无明显变形；

②标志牌表面无气泡，膜或搪瓷无脱落；

③图案清晰，色泽一致，不得有明显缺损；

④标志牌的表面不应有开裂、脱落及其他破损。

5.5　排污口规范化的日常管理与档案记录

排污单位应将排污口规范化建设纳入企业生产运行的管理体系中，制定相应的管理办法和规章制度，选派专职人员对排污口及监测点位进行日常管理和维护，并保存相关管理记录。

排污单位应建立排污口及监测点位档案。档案内容除包括排污口及监测点位的位置、编号、污染物种类、排放去向、排放规律、执行的排放标准等基本信息外，还应包括相关日常管理的记录，如标志牌的内容是否清晰完整，监测平台、各类梯架、监测孔、自动监测设施等是否能够正常使用，废水排放口是否损坏，排气筒有无漏风、破损现象等方面的检查记录，以及相应的维护、维修记录。

排污口及监测点位一经确认，排污单位不得随意变动。监测点位位置、排污口排放的污染物发生变化的，或排污口须拆除、增加、调整、改造或更新的，应按相关要求及时向生态环境主管部门报备，并及时设立新的标志牌或更换标志牌相应内容。

第6章 废水手工监测技术要点

废水手工监测是一项全面性、系统性的工作。为了规范手工监测活动的开展，我国发布了一系列监测技术规范和方法标准。总体来说，废水手工监测要按照相关的技术规范和方法标准开展。为了便于理解和应用，本章立足现有的技术规范和标准，结合日常工作经验，分别从流量监测、现场手工监测和实验室分析三个方面归纳总结了常见的方法和操作要求，以及方法使用过程中的重点注意事项。对于一些虽然适用，但不够便捷，目前实际应用很少的方法，本书中未列举，若排污单位根据实际情况确实需要采用这类方法，应严格按照方法的适用条件和要求开展相关监测活动。

《储油库、加油站指南》所涉及的废水监测指标有流量、pH、悬浮物、化学需氧量、氨氮、石油类、总有机碳、挥发酚、总氰化物9项指标。另外，本章还介绍了特征污染物石油烃（C_6—C_9）和石油烃（C_{10}—C_{40}）的监测技术要点。

6.1 流量

流量是排污单位排污总量核算的重要指标，在废水排放监测和管理中有着重要的地位。流量测量最初始于水文水利领域对天然河流、人工运河、引水渠道等的流量监测。对于工业废水的流量监测，目前常用的方法有自动测量和手工测量两种方式。

6.1.1　自动测量

自动测量是采用污水流量计进行测量，通常包括明渠流量计和管道流量计。通过污水流量计来测量渠道内和管道内废水（或污水）的体积流量。

（1）明渠流量计

利用明渠流量计进行自动测量时，采用超声波液位计和巴歇尔量水槽（以下简称巴氏槽）配合使用进行流量测定，并根据不同尺寸巴氏槽的经验公式计算出流量。需要注意的事项如下：

①巴氏槽安装前，应测算废水排放量并充分考虑污水处理设施的远期扩容，确保巴氏槽能满足最大流量下的测量。巴氏槽的材质要根据污水性质考虑防腐蚀。

②巴氏槽应安装于顺直平坦的渠道段，该段渠道长度不小于槽宽的 10 倍，下游渠道应无阻塞、不壅水，确保巴氏槽的水流处于自由出流状态。渠道应保持清洁，底部无障碍物，水槽应保持牢固可靠、不受损坏，凡有漏水部位应及时修补，每年应校验 1 次液位计的精度和水头零点。详细的安装和维护要求见《城市排水流量堰槽测量标准　巴歇尔量水槽》（CJ/T 3008.3—1993）。

③与巴氏槽配合使用的超声波液位计应注意日常维护，确保稳定运行，出现故障应及时更换。

（2）管道流量计

利用管道流量计测量时，可选择电磁流量计或超声流量计，宜优先选择电磁流量计。需要注意的事项如下：

①电磁流量计的选型应充分考虑测量精度、污水性质、流量范围、排水规律等。流量计的口径通常与管道相同，也可以根据设计流量、流速范围来选择流量计和配套管道，管道中的流速通常以 2～4 m/s 为宜。

②电磁流量计选型时，应充分考虑废水的电导率、最大流量、常用流量、最小流量、工艺管径、管内温度、压力，以及是否有负压存在等信息。

③电磁流量计一定要安装在管路的最低点或者管路的垂直段且务必保证管内

满流，若安装在垂直管线，要求水流自下而上，尽量不要自上而下，否则容易出现非满流，导致读数波动变化较大。流量计前后应避免有阀门、弯头、三通等结构存在，以防产生涡流或气泡，影响测流。

④电磁流量计应避免安装在温度变化很大或受到设备高温辐射的场所，若必须安装时，须有隔热、通风措施；电磁流量计最好安装在室内，若必须安装在室外，应避免雨水淋浇、积水受淹及太阳暴晒，须有防潮和防晒措施；避免安装在含有腐蚀性气体的环境中，必须安装时，须有通风措施；为了安装、维护、保养方便，在电磁流量计周围需有充裕的空间；避免有磁场及强振动源，如管道振动大，在电磁流量计两边应有固定管道的支座。

⑤应对电磁流量计进行周期性检查，定期扫除尘垢确保无沾污，检查接线是否良好。

6.1.2　手工测量

手工测量方法是相对于自动测量方法而言的，这种方法操作复杂、准确度较低，仅建议在不满足自动测量条件或自动测量设施损坏时使用，不建议用作长期自行监测手段。常用的手工测量方法有明渠流速仪、便携式超声波管道测流仪和容积法。

（1）明渠流速仪

明渠流速仪适用于明渠排水流量的测量，它是通过流速仪测量过水断面不同位置的流速，计算平均流速，再乘以断面面积即得测量时刻的瞬时流量，见图 6-1。

用这种方法测量流量时，排污截面底部需硬质平滑，截面形状为规则的几何形，排污口处有不小于 3 m 的平直过流水段，且水位高度不小于 0.1 m。在明渠流量计自动测量断电或损坏时，可用此法临时测量排水流量。

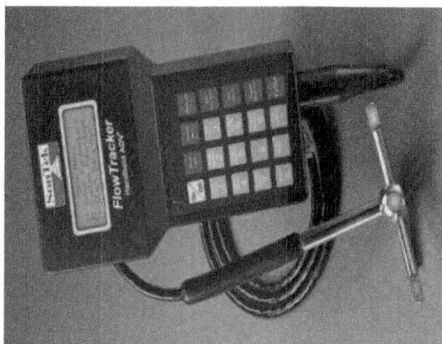

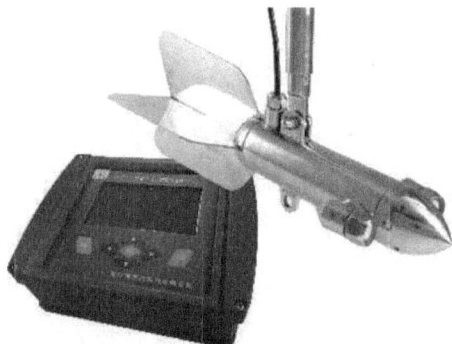

便携式超声波流速仪

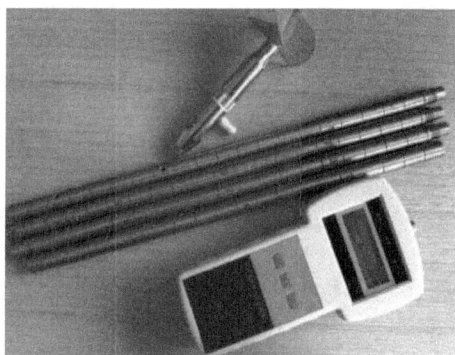

便携式旋桨流速仪

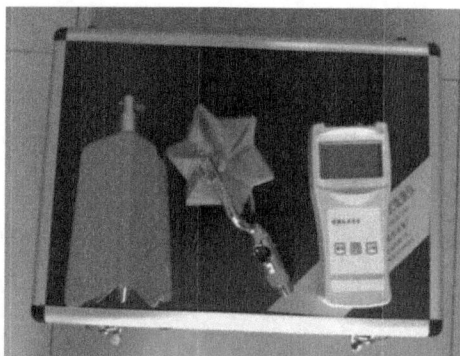

便携式旋杯流速仪

图 6-1　明渠流速仪

（2）便携式超声波管道测流仪

便携式超声波管道测流仪的使用条件与电磁式自动测流仪一致，适用于顺直管道的满流测量，见图 6-2。测量时，沿着管道的流向，将两个传感器分别贴合于管道，错开一定距离，通过两个传感器的时差测量流速，再乘以管道截面积，最终得出流量。测量的管壁应为能传导超声波的密实介质，如铸铁、碳钢、不锈钢、玻璃钢、PVC 等。测点应避开弯头、阀门等，确保流态稳定，无气泡和涡流。测点应避开大功率变频器和强磁场设备，以免产生干扰。在电磁流量计断电或损坏时，可用此法临时测量排水流量。

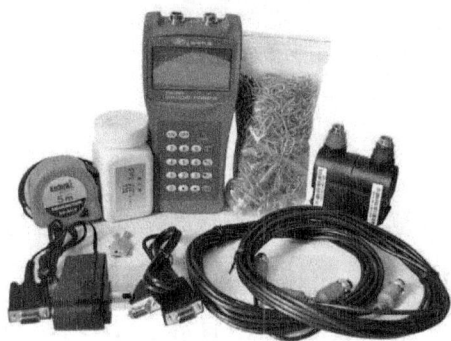

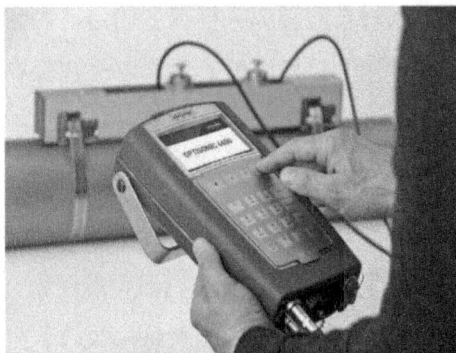

图 6-2　便携式超声波管道测流仪

（3）容积法

容积法是将废水纳入已知容量的容器中，测定其充满容器所需要的时间，从而计算水量的方法。该方法简单易行，适用于计量污水量较小的连续或间歇排放的污水。用此方法测量流量时，溢流口与受纳水体应有适当的落差或能用导水管形成落差。

用手工测量时，一般遵循以下原则：

①如果排放污水的"流量-时间"排放曲线波动较小，即用瞬时流量代表平均流量所引起的误差小于 10%，则在某一时段内的任意时间测得的瞬时流量乘以该时间即为该时段的流量。

②如果排放污水的"流量-时间"排放曲线虽有明显波动，但其波动有固定的规律，可以用该时段中几个等时间间隔的瞬时流量来计算出平均流量，然后再乘以时间得到流量。

③如果排放污水的"流量-时间"排放曲线既有明显波动又无规律可循，则必须连续测定流量，流量对时间的积分即为总量。

6.2　现场采样

采样前要根据采样任务确定监测点位、各监测点位的监测指标、各监测指标需要使用的采样容器、采样要求和保存运输要求等。

6.2.1　采样点位

《储油库、加油站指南》对储油库每类监测点位的监测指标进行了明确规定，对于化学需氧量、氨氮、pH、悬浮物、石油类、总有机碳、挥发酚、总氰化物等监测指标则在相应的废水总排放口、生活污水排放口和雨水排放口进行采样。由于储油库废水中不含第一类污染物（总汞、总镉、总铬、总砷、总铅、烷基汞、六价铬）等，因此不设置车间或生产设施废水排放口。

排污单位设置内部监测点位时，根据实际情况在便于采样的地方进行布点采样。

排污单位需要考核污水处理设施处理效率时，采样点位的布设要求如下：

（1）对整体污水处理设施效率监测时，在各种进入污水处理设施污水的入口和污水设施的总排放口设置采样点。

（2）对各污水处理单元效率监测时，在各种进入处理设施单元污水的入口和设施单元的排放口设置采样点。

6.2.2　采样方法

废水的监测项目根据行业类型有不同的要求，排污单位根据本行业自行监测技术指南要求设置。采集样品时应设在废水混合均匀处，避免引入其他干扰。

在分时间单元采集样品时，测定化学需氧量、pH、悬浮物、五日生化需氧量、石油类、硫化物等指标的样品不能混合，只能单独采样。

根据监测项目选择不同的采样器，主要包括不锈钢采水器、有机玻璃水质采样器、油类采样器及水质自动采样装置。有需求和条件的排污单位可配备水质自动采样装置进行时间比例采样和流量比例采样。当污水排放量较稳定时，可采用时间比例采样，否则必须采用流量比例采样。所用自动采样器必须符合生态环境部颁布的污水采样器技术要求。不同的水质采样器见图 6-3。

不锈钢采水器

有机玻璃水质采样器

油类采样器

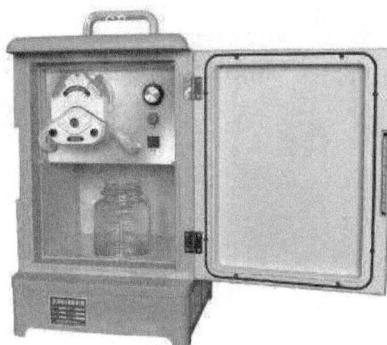

水质自动采样装置

图 6-3　不同的水质采样器

样品采集时应针对具体的监测项目注意以下事项：

（1）采样前要认真检查采样器具等，避免采样前造成容器污染。

（2）采样时应去除表面的杂物、垃圾等漂浮物，不可搅动水底的沉积物。

（3）确保采样准时，点位准确，操作安全。

（4）采样结束前，应核对采样计划、记录与水样，如有错误或遗漏，应立即补采或重采。

（5）如采样现场水体很不均匀，无法采到有代表性的样品，则应详细记录不均匀的情况和实际采样情况，供使用该数据者参考。

（6）测定石油类的水样，应使用油类采样器在水面至 300 mm 采集柱状水样。

（7）测定五日生化需氧量时，水样必须注满容器，上部不留空间并有水封口。

（8）用采样容器和样品容器采样时，必须用水样冲洗 2~3 次后再进行采样，采油类的容器不能冲洗。

（9）用于测定悬浮物、五日生化需氧量、石油类的水样，必须单独定容采样，并全部用于测定。

（10）石油类采样时，采样前先破坏可能存在的油膜，用直立式采水器把玻璃材质容器安装在采水器的支架中，将其放到 300 mm 深度，边采水边向上提升，在达到水面时剩余适当空间。

（11）采样时应认真填写"污水采样记录表"，表中应包括以下内容：企业名称、行业名称、监测项目、样品编号、采样时间、采样口、采样口位置、样品类别、样品表观、污水流量、采样人及其他有关事项。具体格式可由各排污单位制定，见表6-1。

表 6-1　污水采样记录表

企业名称	行业名称	监测项目	样品编号	采样时间	采样口	采样口位置（车间或总排口）	样品类别	样品表观	污水流量/（m³/s）	采样人

（12）对于 pH 和流量需现场监测的项目，应进行现场监测。

6.2.3　采样容器

当前市面上常见的采样容器按材质主要分为硬质玻璃瓶和聚乙烯瓶，在表 6-2 中分别用 G、P 表示，硬质玻璃瓶有透明和棕色两种。硬质玻璃瓶适用于化学需氧量、总有机碳、氨氮、总氮、总磷、硫化物、石油类、硫化物等监测项目的样品采集。采集硫化物时，应用棕色玻璃瓶，以降低光敏作用。采集五日生化需氧量时应用专门的溶氧瓶采集。聚乙烯瓶则适用于总铜、总锌、总镍、总镉等金属元素的样品采集。氨氮、总磷、总氮、总镍、总镉等项目两种材质的瓶子均可使用。关于采样容器选择分析方法中已有要求的按照分析方法来处理，没有明确要求的可按表 6-2 执行。

表 6-2　样品保存和容器洗涤

项目	采样容器	保存方法、保存剂及用量	保存期	最少采样量/mL	容器洗涤
色度*	G 或 P		12 h	250	I
pH*	G 或 P		12 h	250	I
悬浮物**	G 或 P	1～5℃冷藏，避光	14 d	500	I
化学需氧量	G	H_2SO_4，pH≤2	2 d	500	I
	P	−20℃冷冻	30 d	100	
五日生化需氧量**	溶解氧瓶	1～5℃冷藏，避光	12 h	250	I
	P	−20℃冷冻	30 d	1 000	
总有机碳	G	H_2SO_4，pH≤2	7 d	250	I
总磷	G 或 P	HCl、H_2SO_4，pH≤2	24 h	250	IV
氨氮	G 或 P	H_2SO_4，pH≤2	24 h	250	I
总氮	G 或 P	H_2SO_4，pH≤2	7 d	250	I
硫化物	G 或 P	1 L 水样加 NaOH 至 pH 为 9，加入 5%抗坏血酸 5 mL，饱和 EDTA 3 mL，滴加饱和 $Zn(AC)_2$ 至胶体产生，常温避光	24 h	250	I
总氰化物	G 或 P	NaOH，pH≥9	12 h	250	I
六价铬	G 或 P	NaOH，pH=8～9	14 d	250	III
总镍	G 或 P	HNO_3，1 L 水样中加浓 HNO_3 10 mL	14 d	250	III

项目	采样容器	保存方法、保存剂及用量	保存期	最少采样量/mL	容器洗涤
总铜	P	HNO_3，1 L 水样中加浓 HNO_3 10 mL	14 d	250	III
总锌	P	HNO_3，1 L 水样中加浓 HNO_3 10 mL	14 d	250	III
总砷	G 或 P	HNO_3，1 L 水样中加浓 HNO_3 10 mL，DDTC 法，HCl 2 mL	14 d	250	I
总镉	G 或 P	HNO_3，1 L 水样中加浓 HNO_3 10 mL	14 d	250	III
总汞	G 或 P	HCl，1%，如水样为中性，1 L 水样中加浓 HCl 10 mL	14 d	250	III
总铅	G 或 P	HNO_3，1%，如水样为中性，1 L 水样中加浓 HNO_3 10 mL	14 d	250	III
动植物油	G	加入 HCl 至 pH≤2	7 d	250	II
挥发酚**	G 或 P	用 H_3PO_4 调至 pH 为 2，用 0.01～0.02 g 抗坏血酸除去余氯	24 h	1 000	I
石油烃（C_6—C_9）	棕色 G	采样前加入 0.3 g 抗坏血酸，采样时使水样溢流，再加入数滴 H_3PO_4 溶液（1+9），pH≤2，4℃避光冷藏	3 d	40	I
石油烃（C_{10}—C_{40}）	棕色 G	HCl 溶液（1+1），pH≤2，4℃避光冷藏	14 d	1 000	I

注：①*表示应尽量现场测定，**表示低温（0～4℃）避光保存。

②G 为硬质玻璃瓶，P 为聚乙烯瓶。

③I、II、III、IV表示四种洗涤方法：

I：洗涤剂洗一次，自来水洗三次；

II：洗涤剂洗一次，自来水洗二次，1+3 HNO_3（硝酸和水的体积比为1∶3）荡洗一次，自来水洗三次；

III：洗涤剂洗一次，自来水洗二次，1+3 HNO_3 荡洗一次，自来水洗三次；

IV：铬酸洗液洗一次，自来水洗三次。

在采样之前，采样容器应经过相应的清洗和处理，采样之后要对其进行适当的封存。排污单位可根据监测项目自行选择采样容器并按照合适的方法进行清洗和处理。常用的采样容器见图6-4。

图 6-4 采样容器（透明硬质玻璃瓶、棕色硬质玻璃瓶和聚乙烯瓶）

选择采样容器时，一般遵守以下原则：

（1）最大限度防止容器及瓶塞对样品的污染。由于一般的玻璃瓶在贮存水样时可溶出钠、钙、镁、硅、硼等元素，在测定这些项目时应避免使用玻璃容器，以防止新的污染。一些有色瓶塞也会含有大量的重金属，因此采集金属项目时最好选用聚乙烯瓶。

（2）容器壁应易于清洗和处理，以减少（如重金属）对容器的表面污染。

（3）容器或容器塞的化学和生物性质应该是惰性的，以防止容器与样品组分发生反应。

（4）防止容器吸收或吸附待测组分，引起待测组分浓度的变化。微量金属易受这些因素的影响。

（5）选用深色玻璃能降低光敏作用。

准备采样容器时，应遵循以下原则：

（1）所有的采样容器准备都应确保不发生正负干扰。

（2）尽可能使用专用容器。如不能使用专用容器，最好准备一套容器进行特定污染物的测定，以减少交叉污染。同时应注意防止曾经用于采集高浓度分析物的容器因洗涤不彻底污染随后采集的低浓度污染物的样品。

（3）对于新容器，一般应先用洗涤剂清洗，再用纯水彻底清洗。但是，用于清洁的清洁剂和溶剂可能引起干扰，所用的洗涤剂类型和选用的容器材质要根据待测组分来确定。如测总磷的容器不能使用含磷洗涤剂；测重金属的玻璃容器及聚乙烯容器通常用盐酸或硝酸（c=1 mol/L）洗净并浸泡 1～2 天后用蒸馏水或去离子水冲洗。

清洗采样容器时，应注意以下几点：

（1）用清洁剂清洗塑料或玻璃容器：用水和清洗剂的混合稀释溶液清洗容器和容器帽；用实验室用水清洗两次；控干水并盖好容器帽。

（2）用溶剂洗涤玻璃容器：用水和清洗剂的混合稀释溶液清洗容器和容器帽；用自来水彻底清洗；用实验室用水清洗两次；用丙酮清洗并干燥；用与分析方法匹配的溶剂清洗并立即盖好容器帽。

（3）用酸洗玻璃或塑料容器：用自来水和清洗剂的混合稀释溶液清洗容器和容器帽；用自来水彻底清洗；用 10%硝酸溶液清洗；控干后，注满 10%硝酸溶液；密封贮存至少 24 小时；用实验室用水清洗，并立即盖好容器帽。

6.2.4　样品保存与运输

6.2.4.1　样品保存

水样采集后应尽快送到实验室进行分析，样品如果长时间放置，易受生物、化学、物理等因素影响，某些组分的浓度可能会发生变化。一般可通过冷藏、冷冻、添加保存剂等方式对样品进行保存。

（1）样品的冷藏、冷冻

在大多数情况下，从采集样品到运输最后到实验室期间，样品在 1～5℃冷藏并暗处保存就足够了，−20℃的冷冻温度一般能延长贮存期，但冷冻需要掌握冷冻和融化技术，以使样品在融化时能迅速、均匀地恢复其原始状态，用干冰快速冷冻是令人满意的方法。一般选用聚氯乙烯或聚乙烯等塑料容器。

（2）添加保存剂

添加的保存剂一般包括酸、碱、抑制剂、氧化剂和还原剂，样品保存剂如酸、碱或其他试剂在采样前应进行空白试验，其纯度和等级必须达到分析的要求。

①加入酸和碱：控制溶液 pH，测定金属离子的水样常用硝酸酸化至 pH 为 1～2，这样既可以防止重金属的水解沉淀，又可以防止金属在器壁表面上吸附，同时在 pH 为 1～2 的酸性介质中还能抑制生物的活动。用此法保存，大多数金属可稳定数周或数月。测定氰化物的水样须加氢氧化钠调至 pH 为 12。测定六价铬的水样应加氢氧化钠调至 pH 为 8，因在酸性介质中，六价铬的氧化电位高，易被还原。

②加入氧化剂：水样中痕量汞易被还原，引起汞的挥发性损失，加入硝酸-重铬酸钾溶液可使汞维持在高氧化态，汞的稳定性大为改善。

③加入还原剂：测定硫化物的水样，加入抗坏血酸对保存有利。含余氯水样能氧化氢离子，可使酚类等物质氯化生成相应的衍生物，在采样时加入适当的硫代硫酸钠予以还原，可除去余氯干扰。

加入一些化学试剂可固定水样中的某些待测组分，保存剂可事先加入空瓶中，也可在采样后立即加入水样中。所加入的保存剂不能干扰待测成分的测定，如有疑义应先做必要的试验。

当加入保存剂的样品经过稀释后，在分析计算结果时要充分考虑。但如果加入足够浓的保存剂，若加入体积很小，可以忽略其稀释影响。固体保存剂由于会引起局部过热，反而影响样品的测定，所以应该避免使用。

所加入的保存剂有可能改变水中组分的化学或物理性质，因此选用保存剂时一定要考虑对测定项目的影响。如待测项目是溶解态物质，酸化会引起胶体组分和固体的溶解，则必须在过滤后酸化保存。

必须要做保存剂空白试验，特别是对微量元素的检测，要充分考虑加入保存剂所引起待测元素数量的变化。例如，酸类物质会增加砷、铅、汞的含量。因此，样品中加入保存剂后，应保留做空白试验。

针对技术指南中涉及的不同的监测项目应选用的容器材质、保存剂及其加入量、保存期、采样体积和容器洗涤的方法见表 6-2。

6.2.4.2 样品运输

水样采集后必须立即送回实验室。应根据采样点的地理位置和每个项目分析前最长可保存时间，选择适当的运输方式，在现场工作开始之前，就要安排好水样的运输工作，以防延误。

水样运输前应将容器的外（内）盖盖紧。装箱时应使用泡沫塑料等分隔，以防破损。同一采样点的样品应装在同一包装箱内，如需分装在两个或几个箱中，应在每个箱内放入相同的现场采样记录表。运输前应检查现场记录上的所有水样是否全部装箱。要用醒目的色彩在包装箱顶部和侧面标上"切勿倒置"的标记。每个水样瓶均需贴上标签，标签内容包括采样点位编号、采样日期和时间、测定项目。

装有水样的容器必须妥善保存和密封，并装在包装箱内固定，以防在运输途中破损。除防振、避免日光照射和低温运输外，还要防止新的污染物进入容器或沾污瓶口使水样变质。

在水样运输过程中，应有押运人员，每个水样都要附有一张样品交接单。在转交水样时，转交人和接收人都必须清点和检查水样并在样品交接单上签字，注明日期和时间。样品交接单是水样在运输过程中的文件，应防止差错并妥善保管以备查。

6.2.5 留样

有污染物排放异常等特殊情况要留样分析时，应针对具体项目的分析用量同时采集留样样品，并填写留样记录表，表中应涵盖以下内容：污染源名称、监测项目、采样点位、采样时间、样品编号、污水性质、污水流量、采样人姓名、留样时间、留样人姓名、固定剂添加情况、保存时间、保存条件及其他有关事项。

6.3　监测指标测试

6.3.1　测试方法概述

储油库、加油站排污单位自行监测项目包括理化指标（如 pH、悬浮物等）、有机污染综合指标（如化学需氧量、石油类等）等几大类。这些监测项目所涉及的分析方法主要包括重量法、分光光度法、容量分析法、气相色谱法和气相色谱-质谱法等。

（1）重量法

重量法是将被测组分从试样中分离出来，经过精确称量来确定待测组分含量的分析方法。它是分析方法中最直接的测定方法，可以直接称量得到分析结果，无须用标准试样或基准物质进行比较，具有精确度高等特点。图 6-5 为重量法所用的分析天平。

（2）分光光度法

分光光度法测定样品的基本原理是利用朗伯-比尔定律，根据不同浓度样品溶液对光信号具有不同的吸光度，对待测组分进行定量测定。分光光度法是环境监测中常用的方法，具有灵敏度高、准确度高、适用范围广、操作简便和快速及价格低廉等特点。图 6-6 为分光光度法所用的分光光度计。

图 6-5　分析天平

图 6-6　分光光度计

（3）容量分析法

容量分析法是将一种已知准确浓度的标准溶液滴加入被测物质的溶液中，直到所加的标准溶液与被测物质按化学计量定量反应为止，然后根据标准溶液的浓度和用量计算被测物质的含量。按反应的性质，容量分析法可分为酸碱滴定法、氧化还原滴定法、络合滴定法和沉淀滴定法。容量分析法具有操作简便、快速、比较准确和仪器普通易得等特点。图6-7为滴定时所使用的套件。

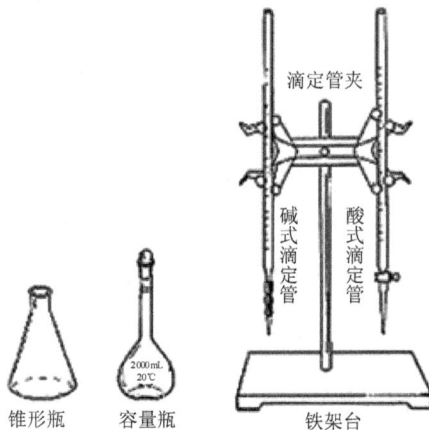

滴定管夹

碱式滴定管　　酸式滴定管

2000 mL
20℃

锥形瓶　　容量瓶　　铁架台

图6-7　滴定套件

适合容量分析的化学反应应该具备的条件有以下几种：

①反应必须定量进行而且进行完全。

②反应速度要快。

③有比较简便、可靠的方法确定理论终点（或滴定终点）。

④共存物质不干扰滴定反应，采用掩蔽剂等方法能予以消除。

（4）气相色谱法

气相色谱法的原理是利用物质的沸点、极性及吸附性质的差异实现混合物的分离，然后利用检测器依次检测已分离出来的组分。其具有快速、有效、灵敏度高等优点，直接用于气相色谱分析的样品必须是气体或液体，常用的前处理方法有索氏提取法、超声提取法、振荡提取法、微波提取法等。图 6-8 为气相色谱仪。

（5）气相色谱-质谱法

气相色谱-质谱法中气相色谱对有机化合物具有有效的分离、分辨能力，而质谱是准确鉴定化合物的有效手段。由两者结合构成的色谱-质谱联用技术，是分离和检测复杂化合物最有力的工具，可实现复杂体系中有机物的定性及定量测定。气相色谱-质谱法分析虽然结果准确、可靠，但相对于光谱分析等方法其预处理、分析步骤较为复杂。图 6-9 为气相色谱-质谱联用仪。

图 6-8　气相色谱仪　　　　　图 6-9　气相色谱-质谱联用仪

6.3.2　指标测定

通过对储油库、加油站排污单位废水监测项目的梳理，除现场测量的流量在前面已有介绍外，本节将对其余的 10 项监测指标的常用监测分析方法和注意事项分别进行介绍，排污单位根据行业排放污染物的特征及单位实验室实际情况选择适合的监测方法开展自行监测。实验室常见分析方法、所需设备见表 6-3。企业开展自行监测时，所采用的方法和使用的设备不限于表 6-3 中所列内容，若有其他适用的方法，也可以使用，但应按照《总则》及相关要求开展方法的验证。所选用分析方法的测定下限应低于排污单位的污染物排放限值。

表 6-3 废水中监测指标、标准方法及所需设备

监测项目	标准方法	所需设备
pH	《水质 pH 值的测定 电极法》（HJ 1147—2020）	酸度计或离子浓度计；玻璃电极与甘汞电极
	便携式 pH 计法[《水和废水监测分析方法》（第四版）国家环保总局（2002）3.1.6.2]	便携式 pH 计；50 mL 烧杯
悬浮物	《水质 悬浮物的测定 重量法》（GB/T 11901—89）	常用实验室仪器；称量瓶；烘箱；干燥器；分析天平（精度为 0.000 1 g）；全玻璃微孔滤膜过滤器；CN-CA 滤膜；吸滤瓶；真空泵；无齿扁嘴镊子
化学需氧量	《水质 化学需氧量的测定 重铬酸盐法》（HJ 828—2017）	回流装置，磨口 250 mL 锥形瓶的全玻璃回流装置；加热装置；分析天平（精度为 0.000 1 g）；酸式滴定管，25 mL 或 50 mL；一般实验室常用仪器和设备
	《水质 化学需氧量的测定 快速消解分光光度法》（HJ/T 399—2007）	消解管；加热器；光度计；消解管支架；离心机；手动移液器（枪）（最小分度体积不大于 0.01 mL）；A 级容量瓶；容量瓶；量筒；搅拌器
	《高氯废水 化学需氧量的测定 氯气校正法》（HJ/T 70—2001）	常用实验室仪器；回流吸收装置；加热装置；氮气流量计；25 mL 或 50 mL 酸式滴定管
	《高氯废水 化学需氧量的测定 碘化钾碱性高锰酸钾法》（HJ/T 132—2003）	沸水浴装置；250 mL 碘量瓶；25 mL 棕色酸式滴定管；定时钟；G-3 玻璃砂芯漏斗
氨氮	《水质 氨氮的测定 气相分子吸收光谱法》（HJ 195—2005）	气相分子吸收光谱仪；空心阴极灯；一般实验室常用仪器
	《水质 氨氮的测定 纳氏试剂分光光度法》（HJ 535—2009）	可见分光光度计，20 mm 比色皿；氨氮蒸馏装置（500 mL 凯式烧瓶、氮球、直形冷凝管和导管），亦可使用 500 mL 蒸馏烧瓶

监测项目	标准方法	所需设备
氨氮	《水质 氨氮的测定 水杨酸分光光度法》（HJ 536—2009）	可见分光光度计，10~30 mm 比色皿；滴瓶、氨球、氨氮蒸馏装置（500 mL 凯氏烧瓶、直形冷凝管和导管），亦可使用蒸馏器皿；实验室常用玻璃器皿
	《水质 氨氮的测定 蒸馏-中和滴定法》（HJ 537—2009）	氨氮蒸馏装置（500 mL 凯氏烧瓶、直形冷凝管和导管、氨球、氨氮蒸馏定管）；50 mL 酸式滴定管
	《水质 氨氮的测定 连续流动-水杨酸分光光度法》（HJ 665—2013）	连续流动分析仪：带流量计的蒸馏装置（选配）；分析天平（精度为 0.000 1 g）；pH 计（精度为±0.02）；离心机（最大转速 4 000 r/min）；一般实验室常用仪器和设备
	《水质 氨氮的测定 流动注射-水杨酸分光光度法》（HJ 666—2013）	流动注射分析仪；分析天平（精度为 0.000 1 g）；离心机（最大转速 4 000 r/min）；超声波机；预蒸馏装置；一般实验室常用仪器和设备
总有机碳	《水质 总有机碳的测定 燃烧氧化-非分散红外吸收法》（HJ 501—2009）	非分散红外吸收 TOC 析仪；一般实验室常用仪器和设备
石油类	《水质 石油类和动植物油类的测定 红外分光光度法》（HJ 637—2018）	红外测油仪或红外分光光度计，能在 2 930 cm^{-1}、2 960 cm^{-1}、3 030 cm^{-1} 处测量吸光度；4 cm 带盖石英比色皿；水平振荡器；1 000 mL 分液漏斗；玻璃漏斗；一般实验室常用仪器和设备
	《水质 石油类的测定 紫外分光光度法（试行）》（HJ 970—2018）	紫外分光光度计；离心机；振荡器；500 mL 采样器；1 000 mL 分液漏斗；50 mL 锥形瓶；一般实验室常用仪器皿和设备
挥发酚	《水质 挥发酚的测定 溴化容量法》（HJ 502—2009）	A 级标准的玻璃量器；分析天平（精度为 0.000 1 g）；一般实验室常用仪器
	《水质 挥发酚的测定 流动注射-4-氨基安替比林分光光度法》（HJ 825—2017）	流动注射仪；分析天平；超声波清洗器；一般实验室常用仪器
	《水质 挥发酚的测定 4-氨基安替比林分光光度法》（HJ 503—2009）	分光光度计（配光程为 20 mm 比色皿）；一般实验室常用仪器

监测项目	标准方法	所需设备
总氰化物	《水质 氰化物的测定 容量法和分光光度法》(HJ 484—2009)	600 W 或 800 W 可调电炉；500 mL 全玻璃蒸馏器；恒温水浴装置（控制精度±1℃）；一般实验室常用仪器
	《水质 氰化物的测定 流动注射-分光光度法》(HJ 823—2017)	流动注射仪；分析天平；超声波清洗器；一般实验室常用仪器
	《水质 氰化物等的测定 真空检测管-电子比色法》(HJ 659—2013)	电子比色计；LED 或氙灯光源；真空检测管；加热装置；一般实验室常用仪器
石油烃 (C$_6$—C$_9$)	《水质 挥发性石油烃（C$_6$—C$_9$）的测定 吹扫捕集/气相色谱法》(HJ 893—2017)	气相色谱仪；吹扫捕集仪；气密性注射器；微量注射器；色谱柱：40 mL 样品瓶；一般实验室常用仪器
石油烃 (C$_{10}$—C$_{40}$)	《水质 可萃取性石油烃（C$_{10}$—C$_{40}$）的测定 气相色谱法》(HJ 894—2017)	气相色谱仪；硅镁型净化柱；浓缩装置；1 L 采样瓶；一般实验室常用仪器

6.3.2.1　pH

（1）常用方法

pH 是水中氢离子活度的负对数，$pH = -\lg a_{H^+}$。pH 是环境监测中常用且重要的检验项目之一，可间接表示水的酸碱程度，测量常用的分析方法有《水质　pH 值的测定　电极法》（HJ 1147—2020）和便携式 pH 计法 [《水和废水监测分析方法》（第四版）]。

（2）注意事项

①pH 最好能够现场测定，否则样品采集后，应保持在 0～4℃，并在 6 小时内进行测定。当 pH 大于 12 或小于 2 时，不宜使用便携式 pH 计方法，以免损伤电极。

②便携式 pH 计由不同的复合电极构成，其浸泡方式会有所不同，有些电极要用蒸馏水浸泡，有些则严禁用蒸馏水浸泡，应当严格遵守操作手册，以免损伤电极。

③玻璃电极在使用前先放入蒸馏水中浸泡 24 小时以上。使用后应冲洗干净，浸泡在纯水中。

④测定 pH 时，玻璃电极的球泡应全部浸入溶液中，并使其稍高于甘汞电极的陶瓷芯端，以免搅拌时碰坏。

⑤必须注意玻璃电极的内电极与球泡之间、甘汞电极的内电极和陶瓷芯之间不得有气泡，以防短路。

⑥测定 pH 时，为减少空气和水样中二氧化碳的溶入或挥发，在测水样之前，不应提前打开水样瓶。

⑦玻璃电极表面受到污染时，需进行处理。如果附着无机盐结垢，可用温稀盐酸溶解；对钙、镁等难溶性结垢，可用 EDTA 二钠溶液溶解；沾有油污时，可用丙酮清洗。电极按上述方法处理后，应在蒸馏水中浸泡一昼夜再使用。注意忌用无水乙醇、脱水性洗涤剂处理电极。

6.3.2.2 悬浮物

（1）常用方法

水质中的悬浮物是指水样通过孔径为 0.45 μm 的滤膜，截留在滤膜上并以 103～105℃烘干至恒重的物质。悬浮物的测定常用方法见《水质 悬浮物的测定 重量法》（GB 11901—89）。

（2）注意事项

①所用聚乙烯瓶或硬质玻璃瓶要用洗涤剂清洗，再依次用自来水和蒸馏水冲洗干净。采样前用即将采集的水样清洗 3 次。采集 500～1 000 mL 样品，盖严瓶塞。

②采样时漂浮或浸没的不均匀固体物质不属于悬浮物，应从水样中除去。

③样品应尽快分析，如需放置，应贮存在4℃冷藏箱中，但最长不得超过 7 天。采样时不能加任何保存剂，以防破坏物质在固液间的分配平衡。

④滤膜上截留过多的悬浮物可能夹带过多的水分，除延长干燥时间外，还可能造成过滤困难，遇此情况，可酌情少取试样。

⑤滤膜上的悬浮物过少，则会增大称量误差，影响测定精度，必要时可增大试样体积，一般以 5～100 mg 悬浮物量作为量取试样体积的使用范围。

6.3.2.3 化学需氧量

（1）常用方法

化学需氧量（COD_{Cr}）是指在强酸并加热条件下，用重铬酸钾作为氧化剂处理水样时所消耗氧化剂的量。化学需氧量常用分析方法见《水质 化学需氧量的测定 重铬酸盐法》（HJ 828—2017）、《水质 化学需氧量的测定 快速消解分光光度法》（HJ/T 399—2007）、《高氯废水 化学需氧量的测定 氯气校正法》（HJ/T 70—2001）和《高氯废水 化学需氧量的测定 碘化钾碱性高锰酸钾法》（HJ/T 132—2003）。

（2）注意事项

①实验试剂硫酸汞剧毒，实验人员应避免与其直接接触。样品前处理过程应在通风橱中进行。该方法的主要干扰物为氯化物，可加入硫酸汞溶液去除。经回流后，氯离子可与硫酸汞结合成可溶性的氯汞配合物。硫酸汞溶液的用量可根据水样中氯离子的含量，按质量比 $m[HgSO_4]$：$m[Cl^-] \geqslant 20$：1 的比例加入，最大加入量为 2 mL（按照氯离子最大允许浓度 1 000 mg/L 计）。水样中氯离子的含量可采用《水质　氯化物的测定　硝酸银滴定法》（GB 11896—89）或《水质　化学需氧量的测定　重铬酸盐法》（HJ 828—2017）附录 A 进行测定或粗略判定。

②采集水样的体积不得小于 100 mL，采集的水样应置于玻璃瓶中，并尽快分析。如不能立即分析时，应加入硫酸至 pH<2，置于 4℃以下保存，保存时间不能超过 5 天。

③对于污染严重的水样，可选取所需体积的 1/10 的水样放入硬质玻璃管，加入 1/10 的试剂，摇匀后加热沸腾数分钟，观察溶液是否变成蓝绿色。若呈蓝绿色，应再适当少取水样，直至溶液不变蓝绿色为止，从而可以确定待测水样的稀释倍数。

④消解时应使溶液缓慢沸腾，不宜暴沸。如出现暴沸，说明溶液中出现局部过热，会导致测定结果有误。暴沸的原因可能是加热过于激烈，或是防暴沸玻璃珠的效果不好。

6.3.2.4　氨氮

（1）常用方法

氨氮（NH$_3$-N）以游离氮（NH$_3$）或铵盐（NH$_4^+$）形式存在于水中。氨氮常用测定方法见《水质　氨氮的测定　气相分子吸收光谱法》（HJ/T 195—2005）、《水质　氨氮的测定　纳氏试剂分光光度法》（HJ 535—2009）、《水质　氨氮的测定　水杨酸分光光度法》（HJ 536—2009）、《水质　氨氮的测定　蒸馏-中和滴定法》（HJ 537—2009）、《水质　氨氮的测定　连续流动-水杨酸分光光度法》（HJ 665—2013）和《水质　氨氮的测定　流动注射-水杨酸分光光度法》（HJ 666—2013）。

（2）注意事项

①水样采集在聚乙烯或玻璃瓶内，要尽快分析。如需保存，应加硫酸使水样酸化至 pH<2，2~5℃下可保存 7 天。

②水样中含有悬浮物、余氯、钙镁等金属离子、硫化物和有机物时会产生干扰，含有此类物质时要做适当处理，以消除对测定的影响。

③如果水样的颜色过深、含盐量过多，酒石酸钾盐对水样中的金属离子掩蔽能力不够，或水样中存在高浓度的钙、镁和氯化物时，需要预蒸馏。

④试剂和环境温度会影响分析结果，冰箱贮存的试剂需放置到室温后再分析，分析过程中室温波动不超过±5℃。

⑤当同批分析的样品浓度波动较大时，可在样品与样品之间插入空白当试样分析，以减小高浓度样品对低浓度样品的影响。

⑥标定盐酸标准滴定溶液时，至少平行滴定 3 次，平行滴定的最大允许偏差不大于 0.05 mL。

⑦分析过程中发现检测峰峰形异常，一般情况下平峰为超量程，双峰为基体干扰，不出峰为泵管堵塞或试剂失效。

⑧每天分析完毕后，用纯水对分析管路进行清洗，并及时将流动检测池中的滤光片取下放入干燥器中，防尘防湿。

6.3.2.5　总有机碳

（1）常用方法

总有机碳的常用测定方法见《水质　总有机碳的测定　燃烧氧化-非分散红外吸收法》（HJ 501—2009），该标准适用于地表水、地下水、生活污水和工业废水中总有机碳（TOC）的测定。方法的检出限为 0.1 mg/L，测定下限为 0.5 mg/L。

（2）注意事项

①TOC 的测定分为差减法和直接法。当水中苯、甲苯、环己烷和三氯甲烷等挥发性有机物含量较高时，宜用差减法测定。当水中挥发性有机物含量较少而无

机碳含量相对较高时，宜用直接法测定。

②当元素碳微粒（煤烟）、碳化物、氰化物、氰酸盐和硫氰酸盐存在时，可与有机碳同时测出。

③水中含大颗粒悬浮物时，由于受自动进样器孔径的限制，测定结果不包括全部颗粒态有机碳。

6.3.2.6　石油类

（1）常用方法

水质中石油类是指在 pH≤2 的条件下，能够被四氯乙烯萃取且不被硅酸镁吸附的物质。常用的测定方法见《水质　石油类和动植物油类的测定　红外分光光度法》（HJ 637—2018）和《水质　石油类的测定　紫外分光光度法（试行）》（HJ 970—2018）。

（2）注意事项

①用采样瓶采集约 500 mL 水样后，加入盐酸溶液酸化至 pH≤2。

②如样品不能在 24 小时内测定，应在 0～4℃冷藏保存，3 天内测定。

③试验中使用的四氯乙烯须符合品质相关要求，避光保存。

④同一批样品测定所使用的四氯乙烯应来自同一瓶，如样品数量多，可将多瓶四氯乙烯混合均匀后使用。

⑤所有器皿使用完毕，应置于通风橱内，待挥发后清洗。

⑥四氯乙烯废液应集中存放于密闭容器中，并做好相应标识，委托有资质的单位处理。

6.3.2.7　挥发酚

（1）常用方法

挥发酚通常是指沸点在 230℃以下的酚类，通常属一元酚。常用的测定方法见《水质　挥发酚的测定　溴化容量法》（HJ 502—2009）、《水质　挥发酚的测定

4-氨基安替比林分光光度法》（HJ 503—2009）和《水质　挥发酚的测定　流动注射-4-氨基安替比林分光光度法》（HJ 825—2017）。

（2）注意事项

①采集后的样品应及时加磷酸酸化至 pH 约为 4.0，并加适量硫酸铜，使样品中硫酸铜质量浓度约为 1 g/L，以抑制微生物对酚类的生物氧化作用。

②每次试验前后，应清洗整个蒸馏设备。

③不得用橡胶塞、橡胶管连接蒸馏瓶及冷凝器，以防止对测定产生干扰。

6.3.2.8　总氰化物

（1）常用方法

氰化物特指带有氰基（—CN）的化合物，其中的碳原子和氮原子通过三键相连接。总氰化物包括全部简单氰化物（多为碱金属和碱土金属的氰化物、铵的氰化物）和绝大部分络合氰化物（锌氰络合物、铁氰络合物、镍氰络合物、铜氰络合物等），不包括钴氰络合物。常用的测定方法见《水质　氰化物的测定　容量法和分光光度法》（HJ 484—2009）、《水质　氰化物的测定　流动注射-分光光度法》（HJ 823—2017）和《水质　氰化物等的测定　真空检测管-电子比色法》（HJ 659—2013）。

（2）注意事项

①试样中存在活性氯等氧化物干扰测定，可在蒸馏前加亚硫酸钠溶液（Na_2SO_3）排除干扰；试样中存在亚硝酸离子干扰测定，可在蒸馏前加氨基磺酸溶液（NH_2SO_2OH）排除干扰；试样中存在硫化物干扰测定，可在蒸馏前加碳酸镉（$CdCO_3$）或碳酸铅（$PbCO_3$）固体粉末排除干扰；少量油类对测定无影响，中性油或酸性油大于 40 mg/L 时干扰测定，可加入水样体积的 20%的正己烷（C_6H_{14}），在中性条件下短时间萃取，分离出正己烷相后，水相用于蒸馏测定。

②在废液收集瓶中，应加入氢氧化钠使 pH≥11（一般每升废液中加入约 7 g 氢氧化钠），以防止气态 HCN 逸出。应定期晃动废液瓶，以防在瓶中形成浓度

梯度。

③氰化物有剧毒，使用标准物质时应做好实验安全防护。

6.3.2.9 石油烃（C_6—C_9）

（1）常用方法

水中挥发性石油烃（C_6—C_9）是指在标准规定的条件下，在气相色谱图上保留时间介于 2-甲基戊烷（包含）与 n-$C_{10}H_{22}$（不包含）之间的物质，包括脂肪烃、脂环烃、芳香烃或烷基化的芳香烃等。常用测定方法见《水质　挥发性石油烃（C_6—C_9）的测定　吹扫捕集/气相色谱法》（HJ 893—2017）。

（2）注意事项

①在分析过程中，若发生仪器气路泄漏、吹扫针堵塞等问题，都会影响分析结果的准确性。为避免以上情况影响实际样品分析数据的准确性，建议分析样品时加入替代物，以替代物的回收率追踪样品分析过程有无异常。由于在标准系列中加入了替代物，所以在挥发性石油烃（C_6—C_9）的峰面积加和中应扣除替代物的面积。

②吹扫捕集系统中不得使用除聚四氟乙烯以外的塑料或橡胶材料；应保证周边环境的清洁，防止外界污染干扰测定。

③分析高浓度样品后，需分析空白样品，如空白样品的测定结果大于方法检出限，必须用水清洗干净，必要时可用 10% 的甲醇水溶液进行整个管理清洗，直至空白样品的测定结果低于方法检出限。

④所有玻璃器皿必须严格清洗，并在 130℃ 的烘箱中烘干 2 小时，存放在清洁的环境中。

6.3.2.10 石油烃（C_{10}—C_{40}）

（1）常用方法

水中可萃取石油烃（C_{10}—C_{40}）是指在标准规定的条件下，能够被二氯甲烷萃取且不被硅酸镁吸附，在气相色谱图上保留时间介于 $n\text{-}C_{10}H_{22}$（包含）与 $n\text{-}C_{40}H_{82}$（包含）之间的物质，包括脂肪烃、脂环烃、芳香烃或烷基化的芳香烃等。常用测定方法见《水质　可萃取性石油烃（C_{10}—C_{40}）的测定　气相色谱法》（HJ 894—2017）。

（2）注意事项

①由于本方法定量方式为 $C_{10}H_{22}$ 至 $C_{40}H_{82}$ 总峰面积积分，如果柱流失过大会导致结果偏高，因此需定期检查柱流失的谱图，以免色谱柱性能变化带来偏差。

②卤代烃含量过高的样品，会导致结果偏高。

第 7 章 废水自动监测技术要点

《储油库、加油站指南》中未要求废水排放开展自动监测，若排污单位认为有必要，可参考本章内容开展废水自动监测相关工作。

近年来，为加大地区排污的监控力度和满足排污许可的要求，全国各级生态环境主管部门大力推进废水自动监测系统的建设。废水自动监测系统也称水污染源在线监测系统，通常由水污染源在线监测设备和水污染源在线监测站房组成。随着全国废水自动监测系统数量的逐年攀升，做好系统的建设、验收及运行维护管理工作成为影响数据质量的关键环节。本章基于《水污染源在线监测系统（COD_{Cr}、$NH_3\text{-}N$ 等）安装技术规范》（HJ 353—2019）、《水污染源在线监测系统（COD_{Cr}、$NH_3\text{-}N$ 等）验收技术规范》（HJ 354—2019）、《水污染源在线监测系统（COD_{Cr}、$NH_3\text{-}N$ 等）运行技术规范》（HJ 355—2019）、《水污染源在线监测系统（COD_{Cr}、$NH_3\text{-}N$ 等）数据有效性判别技术规范》（HJ 356—2019）等标准，对废水自动监测系统的建设、验收及运行维护应注意的技术要点进行了梳理。

7.1 水污染源在线监测系统组成

水污染源在线监测系统通常包括流量监测单元、水质自动采样单元、水污染源在线监测仪器、数据控制单元以及相应的建筑设施等。

（1）流量监测单元通常包括明渠流量计或管道流量计。采用超声波明渠流量计测定流量，应按技术规范要求修建堰（槽）；管道流量计可选择电磁流量计。

（2）水质自动采样单元通常是指采样管路、采样泵以及水质自动采样器。采样管路应根据废水水质选择优质的聚氯乙烯（PVC）、三丙聚丙烯（PPR）等不影响分析结果的硬管，配有必要的防冻和防腐设施。采样泵应根据水样流量、废水水质、水质自动采样器的水头损失及水位差进行合理选择。采样管路宜设置为明管，并标注水流方向。根据《水污染源在线监测系统（COD_{Cr}、$NH_3\text{-}N$ 等）安装技术规范》（HJ 353—2019）的要求，水质自动采样单元应具有采集瞬时水样和混合水样、混匀及暂存水样、自动润洗及排空混匀桶，以及留样功能。

（3）水污染源在线监测仪器是指在现场用于监控、监测污染物排放的化学需氧量（COD_{Cr}）的在线自动监测仪、pH 水质自动分析仪、氨氮水质自动分析仪、总磷水质自动分析仪、污水流量计、水质自动采样器和数据采集传输仪等仪器、仪表。

COD_{Cr} 在线自动监测仪的测定方法多采用重铬酸钾法，对于高氯废水也可考虑采用总有机碳（TOC），但必须与重铬酸钾法做对照实验，得到相关系数，换算成重铬酸钾法监测数据输出。

pH 水质自动分析仪采用玻璃电极法测定。

氨氮水质自动分析仪的测定方法有纳氏试剂光度法、氨气敏电极法、水杨酸-次氯酸盐比色法等。

总磷在线自动监测仪的测定多采用钼锑抗分光光度法。

总氮在线自动监测仪的测定多采用连续流动-盐酸萘乙二胺分光光度法和碱性过硫酸钾消解紫外分光光度法。

数据采集设备主要是对各种监测设备测量的数据进行采集、存储及处理，并将有关的数据存储和输出。

数据传输设备对采集的各种监测数据传输至生态环境主管部门，目前，数据的传输有多种方式，包括 GPRS 方式、GSM 短消息方式、局域网方式等。

（4）数据控制单元是指实现控制整个水污染源在线监测系统内部仪器设备联

动，自动完成水污染源在线监测仪器的数据采集、整理、输出及上传至监控中心平台，接受监控中心平台命令控制水污染源在线监测仪器运行等功能的单元。根据《水污染源在线监测系统（COD_{Cr}、NH_3-N 等）安装技术规范》（HJ 353—2019）的要求，数据控制单元可控制水质自动采样单元采样、送样及留样等操作。

（5）总体要求。排污单位在安装自动监测设备时，应当根据国家对每个监测设备的具体技术要求进行选型安装。选型安装在线监测仪器时，应根据污染物浓度和排放标准，选择检测范围与之匹配的在线监测仪器，监测仪器应满足国家对应仪器的技术要求，如《化学需氧量（COD_{Cr}）水质在线自动监测仪技术要求及监测方法》（HJ 377—2019）、《氨氮水质在线自动监测仪技术要求及检测方法》（HJ 101—2019）、《总氮水质自动分析仪技术要求》（HJ/T 102—2003）、《总磷水质自动分析仪技术要求》（HJ/T 103—2003）、《pH 水质自动分析仪技术要求》（HJ/T 96—2003）等。选型安装数据传输设备时，应按照《污染物在线监控（监测）系统数据传输标准》（HJ 212—2017）和《污染源在线自动监控（监测）数据采集传输仪技术要求》（HJ 477—2009）的规范要求设置，不得添加其他可能干扰监测数据存储、处理、传输的软件或设备。

在污染源自动监测设备建设、联网和管理过程中，当地管理部门有相关规定的，应同时参考地方的规定要求。如上海市环境保护局于 2017 年发布的《上海市固定污染源自动监测建设、联网、运维和管理有关规定》。

7.2 现场安装要求

废水自动监测系统现场安装主要涉及现场监测站房建设、排放口规范化整治、采样点位选取等内容，其中监测站房的建筑设计应作为在线监控的专室专用，远离有腐蚀性气体的地点，并满足所处位置的气候、生态、地质、安全等要求，站房内应安装空调和冬季采暖设备，空调具有来电自启动功能，具备温湿度计；排放口应满足生态环境主管部门规定的排放口规范化设置要求；监测站房内、采样口等区域应安装视频监控设备；采样点位应避开有腐蚀性气体、较强的电磁干扰和振动的地方，应易于到达，且保证采样管路不超过 50 m，同时应有足够的工作空间和安全措施，便于采样和维护操作。具体要求详见 5.2.4 节。

7.3 调试检测

废水污染源自动监测设备现场安装完成后，需对其进行调试、试运行，以验证设备是否符合连续稳定运行的技术要求。

7.3.1 调试

调试是指对流量计、水质自动采样器、水质自动分析仪运行初期进行校准、校验的检查，并按照标准规范要求编制调试报告。具体要求如下：

（1）明渠流量计应进行流量比对误差和液位比对误差测试。

（2）水质自动采样器应进行采样量误差和温度控制误差测试。

（3）水质自动分析仪应根据排污企业排放浓度选择量程，并在该量程下进行 24 小时漂移、重复性、示值误差以及实际水样比对测试。

（4）各水污染源在线监测仪器指标应符合相关技术要求的调试效果，TOC 水质自动分析仪参照 COD_{Cr} 水质自动分析仪执行。

7.3.2 试运行

设备调试完成后，进入试运行阶段，根据实际水污染源排放特点及建设情况，编制水污染源在线监测系统运行与维护方案以及相应的记录表格，最终编制试运行报告。具体要求如下：

（1）试运行期间应保持对水污染源在线监测系统连续供电，连续正常运行 30 天。

（2）可设定任一时间（时间间隔不小于 24 小时），由水污染源在线系统自动调节零点和校准量程值。

（3）因排放源故障或在线监测系统故障造成试运行中断，在排放源或在线监测系统恢复正常后，重新开始试运行。

（4）试运行期间数据传输率应不小于 90%。

（5）数据控制系统已经和水污染源在线监测仪器正确连接，并开始向监控中心平台发送数据。

7.4　验收要求

自动监测设备完成安装、调试及试运行并与生态环境主管部门联网，同时符合下列要求后，建设方组织仪器供应商、管理部门等相关方实施技术验收工作，并编制在线验收报告。验收主要内容应包括建设验收、仪器设备验收、联网验收及运行与维护方案验收。验收前自动监测设备应满足以下条件：

（1）提供水污染源在线监测系统的选型、工程设计、施工、安装调试及性能等相关技术资料。

（2）水污染源在线监测系统已完成调试与试运行，并提交运行调试报告与试运行报告。

（3）提供流量计、标准计量堰（槽）的检定证书，水污染源在线监测仪器应符合《水污染源在线监测系统（COD_{Cr}、NH_3-N 等）安装技术规范》（HJ 353—2019）中表 1 技术要求的证明材料。

（4）水污染源在线监测系统所采用的基础通信网络和基础通信协议应符合《污染物在线监控（监测）系统数据传输标准》（HJ 212—2017）的相关要求，对通信规范的各项内容做出响应，并提供相关的自检报告。同时提供由生态环境主管部门出具的联网证明。

（5）水质自动采样单元已稳定运行 30 天，可采集瞬时水样和具有代表性的混合水样供水污染源在线监测仪器分析使用，可进行留样并报警。

（6）验收过程供电不间断。

（7）数据控制单元已稳定运行 30 天，向监控中心平台及时发送数据，其间，设备运转率应大于 90%；数据传输率应大于 90%。

7.4.1　建设验收要求

建设验收主要是对污染源排放口、流量监测单元、监测站房、水质自动采样单元、数据控制单元进行验收，主要内容如下：

（1）污染源排放口应符合相关技术规范要求，具备便于水质自动采样单元和流量监测单元安装条件的采样口，并设置人工采样口。

（2）流量计安装处应设置有对超声波探头检修和比对的工作平台，可方便实现对流量计的检修和比对工作。

（3）监测站房专室专用，新建监测站房面积应不小于 15 m^2，站房高度不低于 2.8 m。

（4）水质自动采样单元应实现采集瞬时水样和混合水样、混匀及暂存水样、自动润洗及排空混匀桶，以及混合水样和瞬时水样的留样功能；pH 水质自动分析仪、温度计应实现原位测量或测量瞬时水样功能；COD_{Cr}、TOC、NH_3-N、TP、TN 水质自动分析仪应实现测量混合水样功能。

（5）数据控制单元可协调统一运行水污染源在线监测系统，采集、储存、显示监测数据及运行日志，并向监控中心平台上传污染源监测数据。

7.4.2　在线监测仪器验收要求

7.4.2.1　基本验收要求

（1）水污染源在线监测仪器验收包括对 COD_{Cr} 在线自动监测仪、TOC 水质自动分析仪、pH 水质自动分析仪、氨氮水质自动分析仪、总磷水质自动分析仪、总氮水质自动分析仪、超声波明渠污水流量计、水质自动采样器等技术指标进行验收。

（2）性能验收内容包括液位比对误差、流量比对误差、采样量误差、温度控制误差、24 小时漂移、准确度以及实际水样比对测试。

7.4.2.2　性能验收

（1）COD_{Cr} 在线自动监测仪、TOC 水质自动分析仪、pH 水质自动分析仪、氨氮水质自动分析仪和总磷水质自动分析仪、总氮水质自动分析仪验收应包括 24 小时漂移、准确度、实际水样比对。验收指标要求见《水污染源在线监测系统（COD_{Cr}、NH_3-N 等）验收技术规范》（HJ 354—2019）表 2。

（2）超声波流量计验收应包括液位比对误差、流量比对误差。验收指标要求见《水污染源在线监测系统（COD_{Cr}、NH_3-N 等）验收技术规范》（HJ 354—2019）表 2。

（3）水质自动采样器验收应包括采样量误差、温度控制误差。验收指标要求见《水污染源在线监测系统（COD_{Cr}、NH_3-N 等）验收技术规范》（HJ 354—2019）表 2。

7.4.3　联网验收

联网验收由通信验收、数据传输正确性验收、联网稳定性验收、现场故障模拟恢复试验、生成统计报表等内容组成。

7.4.3.1　通信验收

通信验收包括通信稳定性、数据传输安全性、通信协议正确性三部分内容。

（1）通信稳定性

数据控制单元和监控中心平台之间通信稳定，不应出现经常性的通信连接中断、数据丢失、数据不完整等通信问题。数据控制单元在线率达 90% 以上，正常情况下，掉线后应在 5 分钟内重新上线。数据采集传输仪每日掉线次数在 5 次以内。数据传输稳定性在 99% 以上，当出现数据错误或丢失时，启动纠错逻辑，要求数据采集传输仪重新发送数据。

（2）数据传输安全性

数据采集传输仪在需要时可按照《污染物在线监控（监测）系统数据传输标准》（HJ 212—2017）中规定的加密方法进行加密处理传输，保证数据传输的安全性。

（3）通信协议正确性

采用的通信协议应完全符合《污染物在线监控（监测）系统数据传输标准》（HJ 212—2017）的相关要求。

7.4.3.2　数据传输正确性验收

（1）系统稳定运行 30 天后，任取其中不少于连续 7 天的数据进行检查，要求监控中心平台接收的数据和数据控制单元采集和存储的数据完全一致。

（2）检查水污染源在线连续自动分析仪器存储的测定值、由数据控制单元所采集并存储的数据和监控中心平台接收的数据，这 3 个环节的实时数据误差小于 1%。

7.4.3.3　联网稳定性验收

在连续 30 天内，系统能稳定运行，不出现除通信稳定性、通信协议正确性、数据传输正确性以外的其他联网问题。

7.4.3.4　其他要求

（1）验收过程中应进行现场故障模拟恢复试验，人为模拟现场断电、断水和断气等故障，在恢复供电等外部条件后，水污染源在线连续自动监测系统应能正常自启动和远程控制启动。在数据控制单元中保存故障前完整的分析结果，并在故障过程中不丢失。数据控制系统完整记录所有故障信息。

（2）在线监测系统能够按照规定自动生成日统计表、月统计表和年统计表。

7.4.4　运行与维护方案验收

运行与维护方案应包含水污染源在线监测系统情况说明、运行与维护作业指导书及记录表格，并形成书面文件进行有效管理。

（1）水污染源在线监测系统情况说明应至少包含以下内容：排污单位基本情况，水污染在线监测系统构成图，水质自动采样系统流路图，数据控制系统构成图，所安装的水污染源在线监测仪器方法原理、选定量程、主要参数、所用试剂，以及按照《水污染源在线监测系统（COD_{Cr}、NH_3-N 等）运行技术规范》（HJ 355—2019）的规定建立的各组成部分的维护要点及维护程序。

（2）运行与维护作业指导书应至少包含以下内容：水污染在线监测系统各组成部分的维护方法，所安装的水污染源在线监测仪器的操作方法、试剂配制方法、维护方法，流量监测单元、水样自动采集单元及数据控制单元的维护方法。

（3）记录表格应满足运行与维护作业指导书中的设定要求。

7.4.5　验收报告要求

依据上述验收内容，编制验收报告［格式详见《水污染源在线监测系统（COD_{Cr}、NH_3-N 等）验收技术规范》（HJ 354—2019）附录 A］。验收报告后应附验收比对监测报告、联网证明和安装调试报告。验收报告内容全部合格（或符合）后，方可通过验收。

7.5　运行管理要求

污染源自动监测设备通过验收后，自动监测设备即被认定为已处于正常运行状态，设备运行维护单位应按照相关技术规范的要求做好日常运行管理。

7.5.1　总体要求

水污染源在线监测设备运维单位应根据相关技术规范及仪器使用说明书开展运行管理工作，并制定完善的水污染源自动监测设备运行维护管理制度，确定系统运行操作人员和管理维护人员的工作职责。运维人员应具备相关专业知识，通过相应的培训教育和能力确认/考核等活动，熟练掌握水污染源在线监测设备的原理、使用和维护方法。

设备验收完成后应对设备相关参数进行备案，备案参数应与设备参数保持一致，如需修改相关参数，应提交情况说明，重新进行备案。

7.5.2　运维单位

运维单位应在服务地区无不良运行维护记录，未出现过故意干扰在线监测仪器、在线监测数据弄虚作假的不良行为。运维单位应严格按照技术规范开展日常运行维护工作，建立完善的运行维护管理制度及档案资料备查，应备有所运行在线监测仪器的备用仪器，同时应配备相应仪器参比方法，实际水样比对试验装置。能够提供驻地运行维护服务，在设备出现故障 12 小时内到达现场及时处理，能与在线监测仪器建设单位保持良好沟通，确保在最短时间内修复故障。

7.5.3　管理制度

运维单位应建立水污染源自动监测设备运行维护管理制度，主要包括仪器设备运行与维护的作业指导书，日常巡检制度及巡检内容，定期维护制度及定期维护内容，定期校验和校准制度及内容，易损、易耗品的定期检查和更换制度，废药剂的收集处置制度，设备故障及应急处理制度，运行维护记录内容等一系列管理制度。

7.5.4　日常维护总体要求

运维单位应按照相关技术规范及仪器使用说明书建立日常巡检制度，开展日常巡检工作并做好记录。日常巡检内容主要包括每日通过远程检查或现场查看的方式检查仪器运行状态、数据传输系统以及视频监控系统是否正常，设备出现故障时应第一时间处理解决；除日常维护工作外，应按照相关要求和设备说明书完成每周、每月、每季度的检查维护工作。每日数据传输情况、定期的设备检查及保养情况应记录并归档。每次进行备件或材料更换时，更换的备件或材料的品名、规格、数量等应记录并归档。如更换标准物质或标准样品，还需记录标准物质或标准样品的浓度、配制时间、更换时间、有效期等信息。对日常巡检或维护保养中发现的故障或问题，系统管理维护人员应及时处理并记录。

7.5.5　运行技术总体要求

运维单位应按照相关技术规范要求定期进行自动标样核查和自动校准，同时定期进行实际水样比对试验。

7.6　质量保证要求

7.6.1　总体要求

水污染源自动监测设备日常运行质量保证是保障设备正常稳定运行、持续提供有质量保证监测数据的必要手段。操作维护人员每日远程检查或现场查看检测设备运行状态，如发现异常，应立即前往；操作维护人员每周至少对设备进行一次现场维护，包括试剂添加、设备状态检查、采样系统维护、供电系统检查等；操作维护人员每月对现场设备进行一次保养，包括检查和保养易损耗件、测量部件和对设备外壳进行清洗；每季度检查及更换易损耗件，用专用容器回收仪器设备产生的废液；操作维护人员每月至少进行一次实际水样比对试验，定期对设备进行自动标样核查和自动校准。当设备出现因故障或维护原因不能正常运行时，应在 24 小时内报告当地生态环境主管部门。以月为周期，每月设备有效数据率不得小于 90%，以保证监测数据的数量要求。

有效数据率=仪器实际获得的有效数据个数/应获得的有效数据个数×100%

7.6.2　日常检查维护

7.6.2.1　运行和日常维护

（1）每日远程检查或现场查看仪器运行状态，检查数据传输系统以及视频监控系统是否正常，如发现数据有持续异常情况，应立即前往站点进行检查。

（2）每周至少对监测系统进行一次现场维护，现场维护内容包括：

检查自来水供应、泵取水情况；检查内部管路是否通畅、仪器自动清洗装置运行是否正常；检查各自动分析仪的进样水管和排水管是否清洁，必要时进行清洗；定期清洗水泵和过滤网。

检查站房内电路系统、通信系统是否正常。

对于用电极法测量的仪器，检查标准溶液和电极填充液，并进行电极探头的清洗。

若部分站点使用气体钢瓶，应检查载气气路系统是否密封、气压是否满足使用要求。

检查各仪器标准溶液和试剂是否在有效使用期内，按相关要求定期更换标准溶液和分析试剂。

观察数据采集传输仪运行情况，并检查连接处有无损坏，对数据进行抽样检查，对比自动分析仪、数据采集传输仪及监控中心平台接收到的数据是否一致。

检查水质自动采样系统管路是否清洁，采样泵、采样桶和留样系统是否正常工作，留样保存温度是否正常。

（3）每月现场维护内容

水质自动采样系统：根据情况更换蠕动泵管、清洗混合采样瓶等。

TOC 水质自动分析仪：检查 $TOC\text{-}COD_{Cr}$ 转换系数是否适用，必要时进行修正。检查 TOC 水质自动分析仪的泵、管、加热炉温度等，检查试剂余量（必要时添加或更换），检查卤素洗涤器、冷凝器水封容器、增湿器，必要时加蒸馏水。

COD_{Cr} 水质在线自动监测仪：检查内部试管是否被污染，必要时进行清洗。

氨氮水质自动分析仪：检查气敏电极表面是否清洁，对仪器管路进行保养、清洁。

流量计：检查超声波流量计液位传感器高度是否发生变化，检查超声波探头与水面之间是否有干扰测量的物体，对堰体内影响流量计测定的干扰物进行清理；检查管道电磁流量计的检定证书是否在有效期内。

pH 水质自动分析仪：用酸液清洗一次电极，检查 pH 电极是否钝化，必要时进行校准或更换。

温度计：每月至少进行一次现场水温比对试验，必要时进行校准或更换。

每月的现场维护应包括对水污染源在线监测仪器进行一次保养，对仪器分析系统进行维护；对数据存储或控制系统工作状态进行一次检查；检查监测仪器接地情况，检查监测站房防雷措施。检查和保养仪器易损耗件，必要时进行更换；检查及清洗取样单元、消解单元、检测单元、计量单元等。

（4）每季度现场维护内容

检查及更换仪器易损耗件，检查关键零部件可靠性，如计量单元准确性、反应室密封性等，必要时进行更换。对于水污染源在线监测仪器所产生的废液应使用专用容器予以回收，交由有危险废物处理资质的单位处理，不得随意排放或回流入污水排放口。

（5）其他预防性维护

保证监测站房的安全性，进出监测站房应进行登记，包括出入时间、人员、出入原因等，应设置视频监控系统。

保持监测站房和设备的清洁，保证监测站房内的温度、湿度满足仪器正常运行的需求。

保持各仪器管路通畅，出水正常，无漏液。

对电源控制器、空调、排风扇、供暖、消防设备等辅助设备要进行经常性检查。

此处未提及的维护内容，按相关仪器说明书的要求进行仪器维护保养、易耗品的定期更换工作。

7.6.2.2 维护记录

操作人员应详细了解水污染源在线监测系统的基本情况，并填写相关记录表格。在对系统进行日常维护时，应做好巡检维护记录，巡检维护记录应包含日志检查、耗材检查、辅助设备检查、采样系统检查、水污染源在线监测仪器检查、数据采集传输系统检查等必检项目和记录，以及仪器使用说明书中规定的其他检查项目和仪器参数设置记录、标样核查及校准结果记录、检修记录、易耗品更换记录、标准样品更换记录及实际水样比对试验结果记录。

7.6.3 运行技术要求

运行技术要求包括自动标样核查和自动校准、实际水样比对试验。

7.6.3.1 自动标样核查和自动校准

选用浓度约为现场工作量程上限值 0.5 倍的标准样品定期进行自动标样核查。如果自动标样核查结果不符合《水污染源在线监测系统（COD_{Cr}、NH_3-N 等）运行技术规范》（HJ 355—2019）表 1 的规定，则应对仪器进行自动校准。仪器自动校准完后应使用标准溶液进行验证（可使用自动标样核查代替该操作），验证结果应符合 HJ 355—2019 表 1 的规定，如不符合则应重新进行一次校准和验证，如 6 小时内仍不符合 HJ 355—2019 表 1 的规定，则应进入人工维护状态。

在线监测仪器自动校准及验证时间如果超过 6 小时，应采取人工监测的方法向相应生态环境主管部门报送数据，数据报送每天不少于 4 次，间隔时间不得超过 6 小时。

自动标样核查周期最长间隔时间不得超过 24 小时，校准周期最长间隔时间不得超过 7 天。

7.6.3.2　实际水样比对试验

除流量外，运行维护人员每月应对每个站点所有自动分析仪至少进行 1 次实际水样比对试验；对于超声波明渠流量计每季度至少用便携式明渠流量计比对装置进行一次比对试验，试验结果均应满足 HJ 355—2019 表 1 的要求。

（1）COD$_{Cr}$、TOC、NH$_3$-N、TP、TN 水质自动分析仪

每月至少进行一次实际水样比对试验，采用水质自动分析仪与国家环境监测分析方法标准分别对相同的水样进行分析，两者测量结果组成一个测定数据对，至少获得 3 个测定数据对，计算实际水样比对试验的绝对误差或相对误差。

当实际水样比对试验的结果不满足标准规定的性能指标要求时，应对仪器进行校准和标准溶液验证后再次进行实际水样比对试验。如第二次实际水样比对试验结果仍不符合性能指标要求时，仪器应进入维护状态，同时此次实际水样比对试验至上次仪器自动校准或自动标样核查期间所有的数据均判断为无效数据。

仪器维护时间如果超过 6 小时，应采取人工监测的方法向相应生态环境主管部门报送数据，数据报送每天不少于 4 次，间隔时间不得超过 6 小时。

（2）pH 水质自动分析仪和温度计

每月至少进行一次实际水样比对试验，采用 pH 水质自动分析仪和温度计与国家环境监测分析方法标准分别对相同的水样进行分析，计算仪器测量值与国家环境监测分析方法标准测定值的绝对误差。

当比对结果不符合标准规定的性能指标要求时，应对 pH 水质自动分析仪和温度计进行校准，校准完成后需再次进行比对，直至合格。

（3）超声波明渠流量计

每季度至少用便携式明渠流量计比对装置对现场安装使用的超声波明渠流量计进行 1 次比对试验（比对前应对便携式明渠流量计进行校准），当比对结果不符合标准规定的性能指标要求时，应对超声波明渠流量计进行校准，校准完成后需再次进行比对，直至合格。

①液位比对：分别用便携式明渠流量计比对装置（液位测量精度≤1 mm）和超声波明渠流量计测量同一水位观测断面处的液位值，进行比对试验，每2分钟读取一次数据，连续读取6次，计算每一组数据的误差值，选取最大的一组误差值作为流量计的液位误差。

②流量比对：分别用便携式明渠流量计比对装置和超声波明渠流量计测量同一水位观测断面处的瞬时流量，进行比对试验，待数据稳定后开始计时，计时10分钟，分别读取明渠流量比对装置该时段内的累积流量和超声波明渠流量计该时段内的累积流量，最终计算出流量比对误差。

7.6.3.3 有效数据率

以月为周期，计算每个周期内水污染源在线监测仪实际获得的有效数据的个数占应获得的有效数据的个数的百分比不得小于90%，有效数据的判定按照《水污染源在线监测系统（COD$_{Cr}$、NH$_3$-N 等）数据有效性判别技术规范》（HJ 356—2019）的相关规定。

7.6.4 检修和故障处理要求

污染源自动监测设备发生故障后，应严格按照相关技术规范及管理要求进行设备检修，具体情况如下：

（1）水污染源在线监测系统需维修的，应在维修前报相应生态环境主管部门备案；需停运、拆除、更换、重新运行的，应经相应生态环境主管部门批准同意。

（2）因不可抗力和突发性原因致使水污染源在线监测系统停止运行或不能正常运行时，应在24小时内报告相应生态环境主管部门并书面报告停运原因和设备情况。

（3）运行单位发现故障或接到故障通知，应在规定的时间内赶到现场处理并排除故障，无法及时处理的应安装备用仪器。

（4）水污染源在线监测仪器经过维修后，在正常使用和运行之前应确保其维修全部完成并通过校准和比对试验。若在线监测仪器进行了更换，在正常使用和运行之前，应确保其性能指标满足表 1 的要求。维修和更换的仪器，可由第三方或运行单位自行出具比对检测报告。

（5）数据采集传输仪发生故障，应在相应生态环境主管部门规定的时间内修复或更换，并保证已采集的数据不丢失。

（6）运行单位应备有足够的备品备件及备用仪器，对其使用情况进行定期清点，并根据实际需要进行增购。

（7）水污染源在线监测仪器因故障或维护等原因不能正常工作时，应及时向相应生态环境主管部门报告，必要时采取人工监测，监测周期间隔时间不得超过 6 小时，数据报送每天不少于 4 次，监测技术要求参照《污水监测技术规范》（HJ 91.1—2019）执行。

7.6.5　运行比对监测要求

7.6.5.1　在线监测系统采样管理

比对监测时，应记录水污染源在线监测系统是否按照《水污染源在线监测系统（COD_{Cr}、NH_3-N 等）安装技术规范》（HJ 353—2019）进行采样，并在报告中说明有关情况。比对监测应及时正确地做好原始记录，并及时正确地粘贴样品标签，以免混淆。

7.6.5.2　仪器质量控制要求

比对监测时，应核查水污染源在线监测仪器参数设置情况，必要时进行标准溶液抽查，核查标准溶液是否符合相关规定的要求，并在记录和报告中说明有关情况；比对监测所使用的标准样品和实际水样应符合现场安装仪器的量程；比对监测期间，禁止对在线监测仪器进行任何调试。

7.6.5.3 比对监测仪器性能要求

比对监测期间应对水污染源在线监测仪器进行比对试验，并符合《水污染源在线监测系统（COD$_{Cr}$、NH$_3$-N 等）安装技术规范》（HJ 353—2019）表 1 的要求。

7.6.6 运行档案与记录

（1）水污染源在线监测系统运行的技术档案包括仪器的说明书、《水污染源在线监测系统（COD$_{Cr}$、NH$_3$-N 等）安装技术规范》（HJ 353—2019）要求的系统安装记录和《水污染源在线监测系统（COD$_{Cr}$、NH$_3$-N 等）验收技术规范》（HJ 354—2019）要求的验收记录、仪器的检测报告以及各类运行记录表格。

（2）运行记录应清晰、完整，现场记录应在现场及时填写。可从记录中查阅和了解仪器设备的使用、维修和性能检验等全部历史资料，以便对运行的各台仪器设备做出正确评价。与仪器相关的记录可放置在现场并妥善保存。

（3）运行记录表格主要包括水污染源在线监测系统基本情况、巡检维护记录表、水污染源在线监测仪器参数设置记录表、标样核查及校准结果记录表、检修记录表、易耗品更换记录表、标准样品更换记录表、实际水样比对试验结果记录表、水污染源在线监测系统运行比对监测报告、运行工作检查表等［样式详见《水污染源在线监测系统（COD$_{Cr}$、NH$_3$-N 等）运行技术规范》（HJ 355—2019）］，运行单位可根据实际需求及管理需要调整或增加不同的表格。

7.6.7 数据有效性判别流程

水污染源在线监测系统的运行状态分为仪器正常采样监测时段和仪器非正常采样监测时段。数据有效性判别流程如图 7-1 所示。

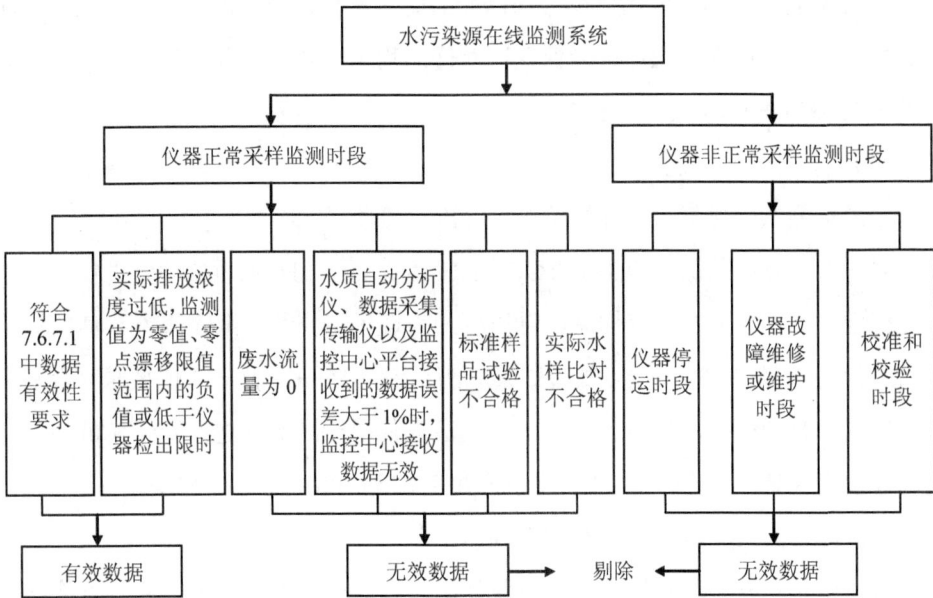

图 7-1　水污染源在线监测系统数据有效性判别流程

7.6.7.1　数据有效性判别指标

（1）实际水样比对试验误差

①COD_{Cr}、TOC、NH_3-N、TP、TN 水质自动分析仪

对每个站点安装的 COD_{Cr}、TOC、NH_3-N、TP、TN 水质自动分析仪进行自动监测方法与《水污染源在线监测系统（COD_{Cr}、NH_3-N 等）数据有效性判别技术规范》（HJ 356—2019）表 1 中规定的国家环境监测分析方法标准的比对试验，两者测量结果组成一个测定数据对，至少获得 3 个测定数据对。比对过程中应尽可能保证比对样品均匀一致，实际水样比对试验结果应满足 HJ 355—2019 表 1 的要求。

②pH 水质自动分析仪与温度计

对每个站点安装的 pH 水质自动分析仪、温度计进行自动监测方法与《水污染源在线监测系统（COD_{Cr}、NH_3-N 等）数据有效性判别技术规范》（HJ 356—2019）

表 1 中规定的国家环境监测分析方法标准的比对试验，两者测量结果组成一个测定数据对，比对过程中应尽可能保证比对样品均匀一致，实际水样比对试验结果应满足 HJ 355—2019 表 1 的要求。

（2）标准样品试验误差

标准样品试验包括自动标样核查、标准溶液验证。

对每个站点安装的 COD_{Cr}、TOC、NH_3-N、TP、TN 水质自动分析仪，采用有证标准样品作为质控考核样品，以浓度约为现场工作量程上限值 0.5 倍的标准样品进行自动标样核查试验，试验结果应满足 HJ 355—2019 表 1 的要求，否则应对仪器进行自动校准，仪器自动校准完成后应使用标准溶液进行验证（可使用自动标样核查代替该操作），验证结果应满足 HJ 355—2019 表 1 的要求。

（3）超声波明渠流量计比对试验误差

对每个站点安装的超声波明渠流量计进行自动监测方法与手工监测方法的比对试验，比对试验的方法按照 7.6.3.2 中的相关规定进行，比对试验结果应满足 HJ 355—2019 表 1 的要求。

7.6.7.2　数据有效性判别方法

（1）有效数据判别

①排污单位可以利用具备自动标记功能的自动监测设备在自动监测设备现场端进行自动标记，也可以授权有关责任人在自动监控系统企业服务端进行人标记。鼓励排污单位优先进行自动标记，提高标记准确度，减少人工标记工作量。同一时段同时存在人工标记和自动标记时，以人工标记为准。排污单位完成标记即为审核确认自动监测数据的有效性。

②自动标记即时生成，各项自动监测数据由自动监测设备同步按照相关标准规范分别计算。一般情况下，每日 12 时前完成前一日数据的人工标记，各项自动监测数据由自动监控系统企业服务端计算；如因通信中断数据未上传、系统升级维护等导致无法进行人工标记时，应在数据上传后或标记功能恢复后 24 小时内完

成人工标记。逾期不进行人工标记，视为对自动监测数据的有效性无异议。

③自动监测日均值数据有效性，依据自动监测小时均值数据标记情况进行自动判断。

④正常采样监测时段获取的监测数据，满足 7.6.7.1 中的数据有效性判别标准，可判别为有效数据。

⑤监测值为零值、零点漂移限值范围内的负值或低于仪器检出限时，需要通过现场检查、实际水样比对试验、标准样品试验等质控手段来识别，对于因实际排放浓度过低而产生的上述数据，仍判断为有效数据。

⑥监测值如出现急剧升高、急剧下降或连续不变等情况，则需要通过现场检查、实际水样比对试验、标准样品试验等质控手段来识别，再做判别和处理。

⑦水污染源在线监测系统的运维记录应当记载运行过程中报警、故障维修、日常维护、校准等内容，运维记录可作为数据有效性判别的证据。

⑧水污染源在线监测系统应可调阅和查看详细的日志，日志记录可作为数据有效性判别的证据。

（2）无效数据判别

①自动监测数据不能真实、准确、完整反映污染物排放实际状况时，排污单位按要求如实标记的，视为自动监测数据无效。

②当流量为零时，在线监测系统输出的监测值为无效数据。

③水质自动分析仪、数据采集传输仪以及监控中心平台接收到的数据误差大于 1%时，则监控中心平台接收到的数据为无效数据。

④发现标准样品试验不合格、实际水样比对试验不合格时，从此次不合格时刻至上次校准校验（自动校准、自动标样核查、实际水样比对试验中的任何一项）合格时刻期间的在线监测数据均判断为无效数据，从此次不合格时刻起至再次校准校验合格时刻期间的数据，作为非正常采样监测时段数据，判断为无效数据。

⑤水质自动分析仪停运期间、因故障维修或维护期间、有计划（质量保证和

质量控制）地维护保养期间、校准和校验等非正常采样监测时间段内输出的监测值为无效数据，但应对该时段数据做标记，作为监测仪器检查和校准的依据予以保留。

判断为无效的数据应注明原因，并保留原始记录。

7.6.7.3　有效均值的计算

（1）数据统计

正常采样监测时段获取的有效数据，应全部参与统计。

监测值为零值、零点漂移限值范围内的负值或低于仪器检出限，并判断为有效数据时，应采用修正后的值参与统计。修正规则：COD_{Cr} 修正值为 2 mg/L、$NH_3\text{-}N$ 修正值为 0.01 mg/L、TP 修正值为 0.005 mg/L、TN 修正值为 0.025 mg/L。

（2）有效日均值

有效日均值是对应于以每日为一个监测周期获得的某个污染物（COD_{Cr}、$NH_3\text{-}N$、TP、TN）的所有有效监测数据的平均值，参与统计的有效监测数据数量应不少于当日应获得数据数量的 75%。有效日均值是以流量为权重的某个污染物的有效监测数据的加权平均值。

（3）有效月均值

有效月均值是对应于以每月为一个监测周期获得的某个污染物（COD_{Cr}、$NH_3\text{-}N$、TP、TN）的所有有效日均值的算术平均值，参与统计的有效日均值数量应不少于当月应获得数据数量的 75%。

7.6.7.4　无效数据的处理

正常采样监测时段，当 COD_{Cr}、$NH_3\text{-}N$、TP 和 TN 监测值判断为无效数据，且无法计算有效日均值时，其污染物日排放量可以用上次校准校验合格时刻前 30 个有效日排放量中的最大值进行替代，污染物浓度和流量不进行替代。非正常采样监测时段，当 COD_{Cr}、$NH_3\text{-}N$、TP 和 TN 监测值判断为无效数据，且无法计算有效日均值时，优先使用人工监测数据进行替代，每天获取的人工监测数据应不少于 4 次，替代数据包括污染物日均浓度、污染物日排放量。如无人工监测数据替代，其污染物日排放量可以用上次校准校验合格时刻前 30 个有效日排放量中的最大值进行替代，污染物浓度和流量不进行替代。

　　流量为零时的无效数据不进行替代。

第8章　废气手工监测技术要点

与废水手工监测类似，废气手工监测也是一项全面性、系统性的工作。我国同样有一系列监测技术规范和方法标准用于指导和规范废气手工监测。本章立足于现有的技术规范和标准，结合日常工作经验，分别针对有组织废气、无组织废气归纳总结了常见的方法和操作要求，以及方法使用过程中的重点注意事项。对于一些虽然适用，但不够便捷，目前实际应用很少的方法，本书中未列举，若排污单位根据实际情况，确实需要采用这类方法的，应严格按照方法的适用条件和要求开展相关监测活动。

8.1　有组织废气监测

8.1.1　监测方式

有组织废气监测主要是针对排污单位通过排气筒排放的污染物排放浓度、排放速率、排气参数等开展的监测，主要的监测方式有现场测试和现场采样+实验室分析两种。

（1）现场测试

现场测试是指采用便携式仪器在污染源现场直接采集气态样品，通过预处理后进行即时分析，现场得到污染物的相关排放信息。目前，采用现场测试的主要指标包括非甲烷总烃、排气参数（温度、氧含量、含湿量、流速）等，测试方法主要包括定便携式气相色谱法、非分散红外法、皮托管法、热电偶法、干湿球法等。

（2）现场采样+实验室分析

现场采样+实验室分析是指采用特定仪器采集一定量的污染源废气并妥善保存带回实验室进行分析。目前，我国大多数污染物指标仍采用这种监测方式，主要的采样方式包括直接采样法（气袋、注射器、采样管、真空瓶等）和富集（浓缩）采样法（活性炭吸附、滤筒、滤膜捕集、吸收液吸收等），主要的分析方法包括色谱法、质谱法等。

8.1.2　现场采样

8.1.2.1　现场采样方式

（1）现场直接采样

现场直接采样包括注射器采样、气袋采样、采样管采样和真空瓶（管）采样。现场采样时，应按照《固定污染源排气中颗粒物测定与气态污染物采样方法》（GB/T 16157—1996）的规定配备相应的采样系统采样。

1）注射器采样

常用 100 mL 注射器（图 8-1）采集样品。采样时，先用现场气体抽洗 2～3 次，然后抽取 100 mL，密封进气口，带回实验室分析。样品存放时间不宜过长，一般当天分析完。

气相色谱分析法常采用此方法取样。取样后，应将注射器进气口朝下，垂直放置，以使注射器内压略大于外压，避光保存。

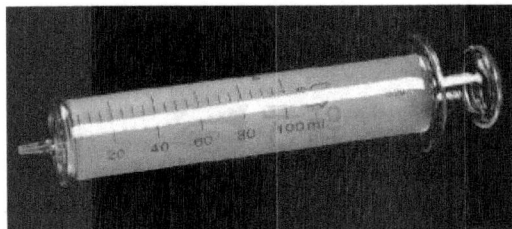

图 8-1　注射器

2）气袋采样

应选择不吸附、不渗漏，不与样气中污染组分发生化学反应的气袋，如聚四氟乙烯袋、聚乙烯袋、聚氯乙烯袋和聚酯袋等，还有用金属薄膜作衬里（如衬银、衬铝）的气袋。采样气袋见图 8-2。

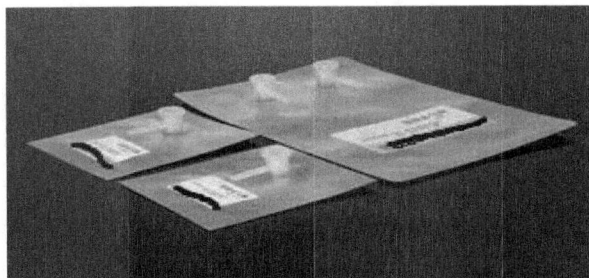

图 8-2　采样气袋

采样时，先用待测废气冲洗 2～3 次，再充满样气，夹封进气口，带回实验室尽快分析。

3）采样管采样

采样时，打开两端旋塞，用抽气泵接在采样管的一端，迅速抽进比采样管容积大 6～10 倍的待测气体，使采样管中原有气体被完全置换出，关上旋塞，采样管体积即为采气体积。采样管见图 8-3。

图 8-3 采样管

4）真空瓶采样

真空瓶是一种具有活塞的耐压玻璃瓶。采样前，先用抽真空装置把真空瓶内气体抽走，抽气减压到绝对压力为 1.33 kPa。采样时，打开旋塞采样，采完关闭旋塞，采样体积即为真空瓶体积。真空瓶见图 8-4。

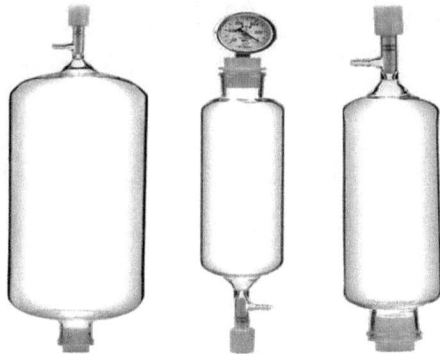

图 8-4 真空瓶

（2）富集（浓缩）采样法

富集（浓缩）采样法主要包括溶液吸收法、填充柱阻留法和滤料阻留法等。

1）溶液吸收法

原理：采样时，用抽气装置将待测废气以一定流量抽入装有吸收液的吸收瓶，并采集一段时间。采样结束后，送实验室进行测定。

吸收液选用应遵循的原则：

①反应快，溶解度大；

②稳定时间长；

③吸收后利于分析；

④毒性小，价格低，易于回收。

2）填充柱阻留法

原理：填充柱是用一根长 6～10 cm、内径 3～5 mm 的玻璃管或塑料管，内装颗粒状填充剂制成。采样时，让气样以一定流速通过填充柱，待测组分因吸附、溶解或化学反应等作用被阻留在填充剂上，达到浓缩采样的目的。采样后，通过解吸或溶剂洗脱，使被测组分从填充剂上释放出来进行测定。

填充剂主要类型：

①吸附型：活性炭、硅胶、分子筛、高分子多孔微球等；

②分配型：涂高沸点有机溶剂的惰性多孔颗粒物；

③反应型：惰性多孔颗粒物、纤维状物表面能与被测组分发生化学反应。

3）滤料阻留法

原理：该方法是将过滤材料［滤筒（图 8-5）、滤膜等］放在采样装置内，用抽气装置抽气，废气中的待测物质被阻留在过滤材料上，根据相应分析方法测定出待测物质的含量。

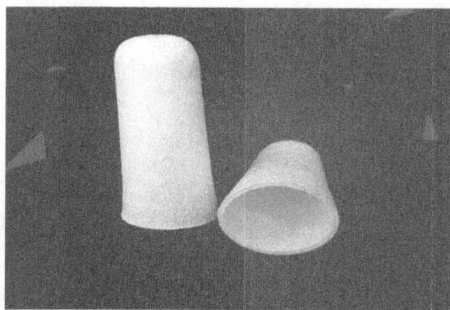

图 8-5　滤筒

常用过滤材料：玻璃纤维滤筒、石英滤筒、刚玉滤筒、玻璃纤维滤膜、过氯乙烯滤膜、聚苯乙烯滤膜、微孔滤膜、核孔滤膜等。

8.1.2.2　现场采样技术要点

有组织废气排放监测时，采样点位布设、采样频次、采样时间、监测分析方法以及质量保证等均应符合《固定污染源排气中颗粒物测定与气态污染物采样方法》（GB/T 16157—1996）和《固定源废气监测技术规范》（HJ/T 397—2007）的规定。

（1）采样位置和采样点

①采样位置应避开对测试人员操作有危险的场所。

②采样位置应优先选择在垂直管段，避开烟道弯头和断面急剧变化的部位。采样位置应设置在距弯头、阀门、变径管下游方向不小于 6 倍直径处，以及距上述部件上游方向不小于 3 倍直径处。采样断面的气流速度最好在 5 m/s 以上。采样孔内径应不小于 80 mm，宜选用内径为 90～120 mm 的采样孔。

③测试现场空间位置有限，很难满足上述要求时，可选择比较适宜的管段采样，但距采样断面与弯头等的距离至少是烟道直径的 1.5 倍，并应适当增加测点的数量和采样频次。

④对于气态污染物，由于混合比较均匀，其采样位置可不受上述规定限制，但应避开涡流区。

⑤采样平台应有足够的工作面积使工作人员安全、方便地操作。监测平台长度应≥2 m、宽度≥2 m 或不小于采样枪长度外延 1 m，周围设置 1.2 m 以上的安全护栏，有牢固并符合要求的安全措施；当采样平台设置在离地面高度≥2 m 的位置时，应有通往平台的斜梯（或 Z 字梯、旋梯），宽度应≥0.9 m；当采样平台设置在离地面高度≥20 m 的位置时，应有通往平台的升降梯。

⑥颗粒物和废气流量测量时，根据采样位置尺寸进行多点分布采样测量；一般情况下排气参数（温度、含湿量、氧含量）和气态污染物在管道中心位置测定。

（2）排气参数的测定

①温度的测定：常用测定方法为热电偶法或电阻温度计法。一般情况下可在靠近烟道中心的一点测定，封闭测孔，待温度计读数稳定后读取数据。

②含湿量的测定：常用测定方法为干湿球法。在靠近烟道中心的一点测定，封闭测孔，使气体在一定的速度下流经干球、湿球温度计，根据干球、湿球温度计的读数和测点处排气的压力，计算出排气的水分含量。

③氧含量的测定：常用测定方法为电化学法或氧化锆氧分仪法。在靠近烟道中心的一点测定，封闭测孔，待氧含量读数稳定后读取数据。

④流速、流量的测定：常用测定方法为皮托管法。根据测得的某点处的动压、静压及温度、断面截面积等参数计算出排气流速和流量。

（3）采样频次和采样时间

采样频次和采样时间确定的主要依据有：相关标准和规范的规定和要求；实施监测的目的和要求；被测污染源污染物排放特点、排放方式及排放规律，生产设施和治理设施的运行状况；被测污染源污染物排放浓度的高低和所采用的监测分析方法的检出限。

具体要求如下：

①相关标准中对采样频次和采样时间有规定的，按相关标准的规定执行。

②相关标准中没有明确规定的，排气筒中废气的采样以连续 1 小时的采样获取平均值，或在 1 小时内，以等时间间隔采集 3～4 个样品，并计算平均值。

③特殊情况下，若某排气筒的排放为间断性排放，排放时间小于 1 小时，应在排放时段内实行连续采样，或在排放时段内等时间间隔采集 2～4 个样品，并计算平均值；若某排气筒的排放为间断性排放，排放时间大于 1 小时，则应在排放时段内按②的要求采样。

（4）监测分析方法选择

监测分析方法选择时，应遵循以下原则：

①监测分析方法的选用应充分考虑相关排放标准的规定、被测污染源排放特

点、污染物排放浓度的高低、所采用监测分析方法的检出限和干扰等因素。

②相关排放标准中有监测分析方法的规定时，应采用标准中规定的方法。

③对相关排放标准未规定监测分析方法的污染物项目，应选用国家环境保护标准、环境保护行业标准规定的方法。

④在某些项目的监测中，尚无方法标准的，可采用国际标准化组织（ISO）或其他国家的等效方法标准，但应经过验证合格，其检出限、准确度和精密度应能达到质控要求。

（5）质量保证要求

①属于国家强制检定目录内的工作计量器具，必须按期送计量部门检定，检定合格，取得检定证书后方可用于监测工作。

②排气温度、氧含量、含湿量、流速、烟气、烟尘等测定仪器应根据要求定期校准，对一些仪器使用的电化学传感器应根据使用情况及时更换。

③采样系统采样前应进行气密性检查，防止系统漏气。检查采样嘴、皮托管等是否变形或损坏。

④滤筒、滤料等外观无裂纹、空隙或破损，无挂毛或碎屑，能耐受一定的高温和机械强度。采样管、连接管、滤筒、滤料等不被腐蚀、不与待测组分发生化学反应。

⑤样品采集后注意样品的保存要求，应尽快送实验室分析。

8.1.3　指标测定

《储油库、加油站指南》中规定的有组织废气排放监测指标为非甲烷总烃，具体监测方法如下。

（1）常用方法

对废气中非甲烷总烃排放监测时，主要依据《固定污染源废气　总烃、甲烷和非甲烷总烃的测定　气相色谱法》（HJ 38—2017）、《固定污染源废气　总烃、甲烷和非甲烷总烃的测定　便携式催化氧化-氢火焰离子化检测器法》（HJ 1331—

2023）和《固定污染源废气 总烃、甲烷和非甲烷总烃的测定 便携式气相色谱-氢火焰离子化检测器法》（HJ 1332—2023）。

HJ 38 采用气袋或玻璃注射器进行现场采集样品，之后送实验室将气体样品直接注入具氢火焰离子化检测器的气相色谱仪，分别在总烃柱和甲烷柱上测定总烃和甲烷的含量，两者之差即为非甲烷总烃的含量。同时以除烃空气代替样品，测定氧在总烃柱上的响应值，以排除样品中的氧对总烃测定的干扰。

HJ 1331 规定了使用便携式催化氧化-氢火焰离子化检测器法测定固定污染源有组织排放废气中总烃、甲烷和非甲烷总烃的方法。这种方法通过催化氧化将被测组分转化为可被氢火焰离子化检测器检测的形式，从而实现对总烃、甲烷和非甲烷总烃的测定。检出限和测定下限分别为 0.4 mg/m^3 和 1.6 mg/m^3。

HJ 1332 规定了使用便携式气相色谱-氢火焰离子化检测器法测定固定污染源有组织排放废气中总烃、甲烷和非甲烷总烃的方法。这种方法利用气相色谱技术分离废气中的不同组分，然后通过氢火焰离子化检测器对分离后的组分进行检测。检出限和测定下限分别为 0.2 mg/m^3 和 0.8 mg/m^3。

HJ 1331 和 HJ 1332 适用于固定污染源废气中相关污染物的测定，具有自动化程度高、抗干扰能力强等优点，可用于现场快速监测，支撑相关污染物排放标准实施与新污染物治理等工作。

（2）注意事项

①用气袋采样时，连接采样装置，开启加热采样管电源，将采样管加热并保持在（120±5）℃（有防爆安全要求的除外），气袋须用样品气至少清洗 3 次，结束采样后样品应立即放入样品保存箱内保存，直至样品分析时取出。用玻璃注射器采样时，除遵循上述规定外，采集样品的玻璃注射器用惰性密封头密封。

②样品采集时应采集全程序空白，将注入除烃空气的采样容器带至采样现场，与同批次采集的样品一起送回实验室分析。

③采集样品的玻璃注射器应小心轻放，防止破损，保持针头端向下状态放入样品保存箱内保存和运送。样品常温避光保存，采样后尽快完成分析。玻璃注射

器保存的样品，放置时间不应超过 8 小时；气袋保存的样品，放置时间不应超过 48 小时，如仅测定甲烷，应在 7 天内完成分析。

④分析高沸点组分样品后，可通过提高柱温等方式去除分析系统残留的影响，并通过分析除烃空气予以确认。

⑤便携式非甲烷总烃测定仪器应在适当的环境温度、湿度、防爆等条件下使用。测定前，应检查采样气路，并清洁颗粒物过滤装置，必要时更换滤料。样品测定前后，应核查总烃和甲烷的示值误差、系统偏差，并填写样品测定前后仪器性能核查记录表。全部样品测定后，用零点气清洗仪器，使仪器示值回到零点附近并保持稳定。每年至少用丙烷标准气体验证一次催化氧化单元的转化效率，按照 HJ 1012 中的相关要求检测，结果应不低于 95%，否则应更换或补充催化剂。

8.2　无组织废气监测

8.2.1　监测方式

无组织废气监测是指排污单位对没有经过排气筒无规则排放的废气，或者废气虽经过排气筒排放，但排气筒高度没有达到有组织排放要求的低矮排气筒排放的废气污染物浓度进行监测。

无组织废气排放监测的主要方式为现场采样+实验室分析，与有组织废气的方式相同，是指采用特定仪器采集一定量的无组织废气并妥善保存带回实验室进行分析。主要采样方式包括现场直接采样法（注射器、气袋、采样管、真空瓶等）和富集（浓缩）采样法（活性炭吸附、滤筒、滤膜捕集、吸收液吸收等），主要分析方法包括色谱法、质谱法等。

8.2.2　现场采样

8.2.2.1　现场采样技术要点

无组织废气排放监测的主要参考标准为《大气污染物无组织排放监测技术导则》（HJ/T 55—2000）、《大气污染物综合排放标准》（GB 16297—1996）以及排污单位具体执行的行业标准。

（1）控制无组织排放的基本方式

按照《大气污染物综合排放标准》（GB 16297—1996）的规定，我国以控制无组织排放所造成的后果来对无组织排放实行监督和限制。采用的基本方式是规定设立监控点（监测点）和规定监控点的污染物浓度限值。

在设置监测点时，有的污染物要求除在下风向设置监控点外，还要在上风向设置对照点，监控浓度限值为监控点与参照点的浓度差值。有的污染物要求只在周界外浓度最高点设置监控点。

（2）设置监控点的位置和数目

根据《大气污染物综合排放标准》（GB 16297—1996）的规定，监控点设在无组织排放源下风向 2～50 m 的浓度最高点，相对应的参照点设在排放源上风向 2～50 m 内；其余物质的监控点设在单位周界外 10 m 范围内的浓度最高点。按规定监控点最多可设 4 个，参照点只设 1 个。

（3）采样频次的要求

按照《大气污染物无组织排放监测技术导则》（HJ/T 55—2000）的规定对无组织排放进行监测时，实行连续 1 小时的采样，或者实行在 1 小时内以等时间间隔采集 4 个样品计平均值。在进行实际监测时，为了捕捉到监控点最高浓度的时段，实际安排的采样时间可超过 1 小时。

（4）工况的要求

由于大气污染物排放标准对无组织排放实行限制的原则是在最大负荷下生产

和排放，以及在最不利于污染物扩散稀释的条件下，无组织排放监控值不应超过排放标准所规定的限值，因此，监测人员应在不违反上述原则的前提下，选择尽可能高的生产负荷及不利于污染物扩散稀释的条件进行监测。

针对以上基本要求，如果排污单位执行的行业排放标准中对无组织排放有明确要求的，按照行业标准执行。

8.2.2.2　监测前准备工作

（1）单位基本情况调查

①主要原、辅材料和主、副产品，相应用量和产量、来源及运输方式等，重点了解用量大和可产生大气污染的材料和产品，列表说明，并予以必要的注释。

②注意车间和其他主要建筑物的位置和尺寸，有组织排放口和无组织排放口位置及其主要参数，排放污染物的种类和排放速率；单位周界围墙的高度和性质（封闭式或通风式）；单位区域内的主要地形变化等。对单位周界外的主要环境敏感点（影响气流运动的建筑物和地形分布、有无排放被测污染物的污染源存在）进行调查，并标于单位平面布置图中。

③了解环境保护影响评价、工程建设设计、实际建设的污染治理设施的种类、原理、设计参数、数量以及目前的运行情况等。

（2）无组织排放源基本情况调查

除调查排放污染物的种类和排放速率（估计值）外，还应重点调查被监测无组织排放源的形状、尺寸、高度及其所处建筑群的具体位置等。

（3）仪器设备准备

按照被测物质的对应标准分析方法中有关无组织排放监测的采样部分的规定，做好仪器设备和试剂准备。所用仪器应通过计量监督部门的性能检定合格，并在使用前做必要的调试和检查。采样时应注意检查电路系统、气路部分、校正流量计。

（4）监测条件

监测时，被测无组织排放源的排放负荷应处于相对较高，或者处于正常生产和排放状态。主导风向（平均风速）利于监控点的设置，并可使监控点和被测无组织排放源之间的距离尽可能缩小。通常情况下，选择冬季微风的日期，避开阳光辐射较强烈的中午时段进行监测是比较适宜的。

8.2.3　指标测定

各监测指标除遵循 8.2.1 监测方式和 8.2.2 现场采样的相关要求外，还应遵循各自的具体要求。《储油库、加油站指南》中规定的无组织废气排放监测指标为非甲烷总烃、泄漏检测值，具体监测方法如下。

8.2.3.1　非甲烷总烃

（1）常用方法

非甲烷总烃无组织排放监测时，主要依据《环境空气　总烃、甲烷和非甲烷总烃的测定　直接进样-气相色谱法》（HJ 604—2017）。采用气袋或玻璃注射器进行现场采集样品，之后送回实验室用气相色谱法进行分析测定。

（2）注意事项

①采样容器经现场空气至少清洗 3 次后采样。以玻璃注射器满刻度采集空气样品的，用惰性密封头密封；以气袋采集样品的，用真空气体采样箱将空气样品引入气袋，至最大体积的 80%左右，立即密封。将注入除烃空气的采样容器带至采样现场，与同批次采集的样品一起送回实验室分析。

②采集样品的玻璃注射器应小心轻放，防止破损，保持针头端向下状态放入样品箱内保存和运送。样品应常温避光保存，采样后尽快分析。玻璃注射器保存的样品，放置时间不应超过 8 小时；气袋保存的样品，放置时间不应超过 48 小时。

③采样容器使用前应充分洗净，经气密性检查合格，置于密闭采样箱中以避免污染。样品返回实验室时，应平衡至环境温度后再进行测定。测定复杂样品后，如发现分析系统内有残留，可通过提高柱温等方式去除，以分析除烃空气确认。

8.2.3.2　泄漏检测

（1）常用方法

挥发性有机物无组织排放监测时，主要依据《泄漏和敞开液面排放的挥发性有机物检测技术导则》（HJ 733—2014）及《工业企业挥发性有机物泄漏检测与修复技术指南》（HJ 1230—2021）。主要针对设备与管线组件密封点，包括泵、压缩机、搅拌器（机）、阀门、开口阀或开口管线、泄压设备、取样连接系统、法兰及其他连接件、其他密封设备及各类敞开液面进行检测。推荐采用氢火焰离子化检测仪搭配红外热成像仪开展现场检测工作。

（2）注意事项

①使用前应核查或实验，确保检测器对待测排放源所排放的主要 VOCs 组分有响应。仪器检测器类型包括火焰离子化检测器、光离子化检测器和红外吸收检测器等，也可以是其他类型的检测器。

②仪器的量程应能满足相关控制标准中标准浓度限值的测定要求，且其分辨率应保证在排放标准中泄漏控制浓度或标准浓度限值的±2.5%范围内可读。

③配置能提供持续流量的电动采样泵。在安装用于保护仪器的玻璃棉塞或过滤器的采样探头的顶端测得的采样流量应在 0.10～3.0 L/min 范围内。

④配置采样探头，采样探头前端的外径应保证能进入各类设备狭小缝隙进行检测，一般不超过 7 mm。

⑤仪器必须具有防爆安全性并通过防爆安全检验认证。

8.3　加油站油气回收系统监测

8.3.1　监测方式

加油站油气回收系统监测主要是针对液阻、密闭性、气液比三项指标开展的监测，主要监测方式为现场测试。

液阻和密闭性检测装置如图 8-6 所示，检测设备包括氮气瓶、压力表、流量计、秒表、三通检测接头、软管、接地装置等。监测点位为加油机底盆油气回收立管处，如图 8-7 所示。

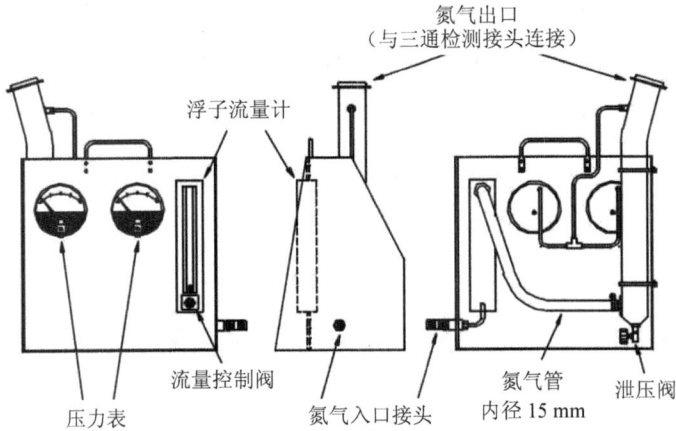

图 8-6 液阻和密闭性检测装置示意图

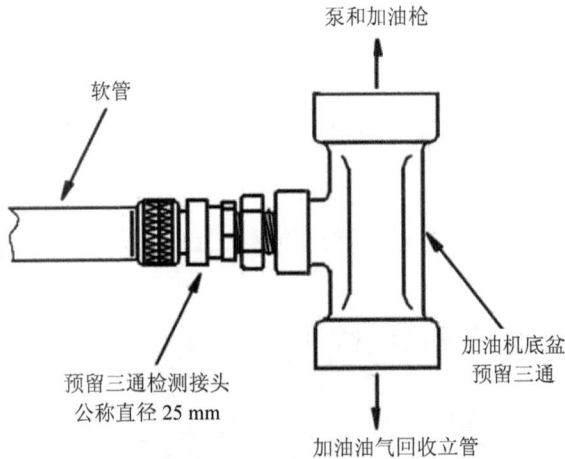

图 8-7 液阻和密闭性监测点位三通接头示意图

气液比检测装置安装如图 8-8 所示。检测设备包括适配器、气体流量计、气体流量计入口三通、液体流量计、检测用油桶、秒表、润滑剂等。

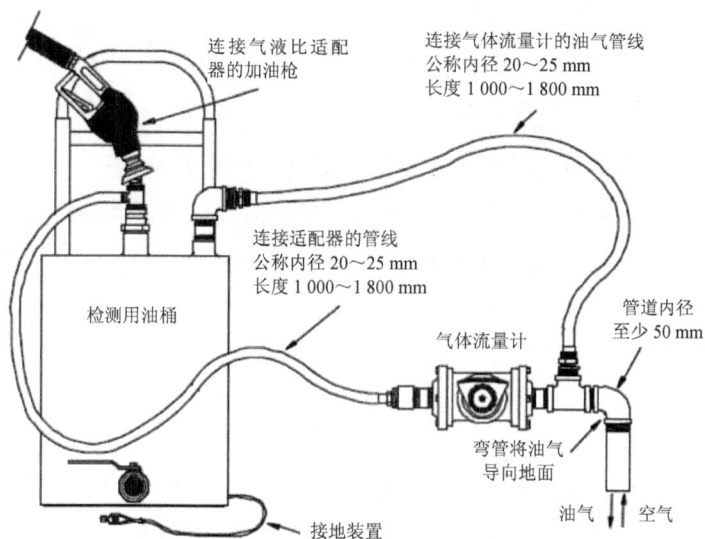

图 8-8　气液比检测装置安装示意图

8.3.2　指标测定

8.3.2.1　液阻

（1）常用方法

液阻的检测主要依据《加油站大气污染物排放标准》（GB 20952—2020）附录 A "液阻检测方法"进行，以规定的氮气流量向油气回收管线内充入氮气，模拟油气通过油气回收管线，用压力表或同等装置检测气体通过管线的液体阻力，了解管线内因各种原因对气体产生阻力的程度，用来判断是否影响油气回收。应对每台加油机至埋地油罐的地下油气回收管线进行液阻检测。

（2）注意事项

①检测时应严格执行加油站有关安全生产的规定，设备和安装方法应符合有关规定，保证接地装置正确连接。

②压力表、流量计、秒表等计量仪器的性能应满足标准中规定的指标要求，所有计量仪器应按计量标准校准。

③相关油气管线的任何泄漏会导致液阻测量值偏低。

④在读取压力表数值之前，氮气流量稳定的时间应大于 30 秒，如果等待氮气流量稳定的时间少于 30 秒就开始检测，会导致液阻测量值错误。

8.3.2.2　密闭性

（1）常用方法

密闭性的检测主要依据《加油站大气污染物排放标准》（GB 20952—2020）附录 B "密闭性检测方法" 进行，用氮气对油气回收系统加压至 500 Pa，允许系统压力衰减。检测 5 分钟后的剩余压力值与标准内规定的最小剩余压力限值进行比较，如果低于限值，表明系统泄漏程度超出允许范围。对于非连通埋地油罐，应对每个埋地油罐进行密闭性检测。

（2）注意事项

①检测时应严格执行加油站有关安全生产的规定，设备和安装方法应符合有关规定。

②只允许使用氮气给系统加压，检测使用的氮气瓶应安装一个 6.9 kPa 的泄压阀，向系统充入氮气过程中应接地线。

③压力表、流量计、秒表等计量仪器的性能应满足标准中规定的指标要求，所有计量仪器应按计量标准校准。

④只能用气态氮气进行检测，充入系统的氮气流量超过 100 L/min 会引起检测结果的偏差。

⑤如果油气回收系统中接有油气处理装置，检测时应关闭收集单元和油气处

理装置的电源。

⑥电子式压力计存在热偏差，至少应有 15 分钟的预热过程，接着还要做 5 分钟的漂移检查。如果漂移超过 2.5 Pa，此仪器将不能使用。

⑦在检测之前 3 小时内或在检测过程中，不得有大批量油品进出储油罐，在检测之前 30 分钟和检测过程中不得有加油操作，所有加油枪都正确地挂在加油机上。

8.3.2.3　气液比

（1）常用方法

气液比的检测主要依据《加油站大气污染物排放标准》（GB 20952—2020）附录 C "气液比检测方法" 进行，在加油枪的喷管处安装一个密合的适配器。该适配器与气体流量计连接，气流先通过气体流量计，然后进入加油枪喷管上的油气收集孔。所计量的气体体积与加油机同时计量的汽油体积的比值称为气液比。通过气液比的检测，可以了解油气回收系统的回收效果。

（2）注意事项

①检测时应严格执行加油站有关安全生产的规定，设备和安装方法应符合有关规定，保证接地装置正确连接。

②流量计、秒表等计量仪器的性能应满足标准中规定的指标要求，所有计量仪器应按计量标准校准。

③如果加油枪喷管与适配器因各种原因不能良好地匹配，则不能进行检测。

④如果被检测加油枪的加油流量不能达到 20 L/min 及以上，则不能进行检测。

⑤如果被检测的加油枪使汽油进入检测装置，则此加油枪的气液比检测值将被认作无效。

⑥检测前，不要排空加油软管气路和加油机油气管中的汽油，否则将使检测结果产生偏差。

⑦在气液比检测之前，气液比适配器的 O 形圈应正确润滑，否则将使检测结果产生偏差。

第9章 废气自动监测技术要点

废气自动监测系统因其实时、自动等功能，在环境管理中发挥着越来越大的作用。如何确保废气自动监测数据能够有效应用，这就要求排污单位加强废气自动监测系统的运维和管理，使其能够稳定、良好地运行。本章针对《储油库、加油站指南》中的加油站在线监测系统，基于《加油站大气污染物排放标准》（GB 20952—2020），对加油站在线监测系统的系统配置、技术要求、性能指标、监测功能验证、准确性校核等技术要点进行了梳理。

9.1 在线监测系统基本要求

9.1.1 基本概念

加油站在线监测系统（On-Line Monitoring System）是指能够在线监测加油油气回收过程中的气液比以及油气回收系统的密闭性是否正常的系统，当发现异常情况时可提醒操作人员采取相应的措施，并能记录、储存、处理和传输监测数据。

9.1.2 基本要求

（1）自 2022 年 1 月 1 日起，依法被确定为重点排污单位的加油站应安装在线监测系统。

（2）在进行包括加油油气排放控制在内的油气回收设计和施工时，应将在线监测系统、油气处理装置等设备管线预先埋设。油气回收系统、油气处理装置、在线监测系统应采用标准化连接。

（3）在线监测系统应能够监测每条加油枪气液比和油气回收系统压力，具备至少储存 1 年数据、远距离传输，具备预警、警告功能。

（4）在线监测系统可在卸油口附近、加油机内/外（加油区）、人工量油井、油气处理装置排放口等处安装浓度传感器监测油气泄漏浓度。

（5）在线监测系统可在卸油区附件、人工量油井、加油区等重点区域安装视频监测用高清摄像头，连续对卸油操作、手工量油、加油操作等进行视频录像并存储。可整合利用加油站现有视频设备，视频资料应保持 3 个月以上以备生态环境部门监督检查，并预留接入环保管理平台的条件。

（6）在线监测系统应能监测油气处理装置进出口的压力、油气温度（冷凝法）、实时运行情况和运行时间等。

9.2 在线监测系统技术要求

9.2.1 在线监测系统监测原理和概述

（1）在加油机内的油气回收管路上串联气体流量传感器，通过测量回收的油气体积并与该油气体积对应的液体汽油体积进行比较，以此监测油气回收过程中的气液比。

（2）在连通油气储存空间的油气回收管线上安装压力传感器，通过测量压力值的变化，监测油气回收系统的密闭性。对于未连通的埋地油罐，应对每个独立油气回收系统进行密闭性监测。

（3）流量传感器和压力传感器所采集的数据被送入数据处理系统进行分析，当油气回收系统处于非正常工作状态时，监测系统将发出警告，若在警告期间内仍未采取处理措施，系统将报警。

9.2.2　系统配置

9.2.2.1　系统构成

加油站油气回收在线监测系统从底层逐级向上可分为：①现场监测设备（如气体流量传感器、压力传感器、油气泄漏监测传感器、高清摄像头、温度传感器等）；②采集和执行控制器（如气液比采集控制器、加油枪关闭控制器等）；③站级监控系统三个层级，整个系统的构成如图 9-1 所示。所需要的硬件设备及要求如表 9-1 所示。

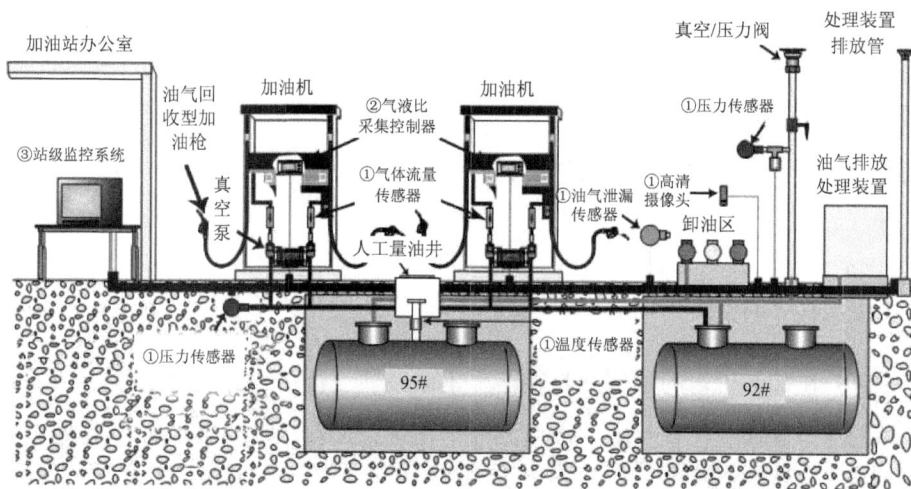

图 9-1　在线监控系统

表 9-1　在线监控系统硬件组成和功能

序号	设备名称	功能	备注
1	气体流量传感器	检测加油枪回气量	1 个/把汽油枪（共用一个面板的加油枪除外）
2	压力传感器	差压式或表压式，检测油气回收系统管道、油罐气体空间等部位的油气压力	见 9.2.4.2
3	气液比采集控制器	采集加油数据，计算、存储气液比等指标	见 9.2.5.3
4	加油枪状态控制器	关闭气液比报警加油枪	选配
5	油气泄漏监测传感器	监测站内加油区、卸油区、人工量油井、油气处理装置排放口等处的油气排放状况	选配
6	高清摄像头	监控卸油区、人工量油井、加油区等重点区域的油气回收系统是否规范操作	选配
7	温度传感器	采集油气温度	选配
8	站级监控系统	数据的汇总处理、存储、显示、报警和上传等	1 套/站
9	不间断电源	站内断电时保证系统正常运行	选配

9.2.2.2　系统功能

主要通过测量、计算、分析加油油气回收系统回气量、加油量和油气回收系统油气空间压力，实现各汽油加油枪气液比、油气回收系统压力等指标的监控功能；可具备加油站内加油区、卸油区、人工量油井等处油气排放情况、加油枪加油状况监测、视频监控等的相关功能或可扩充功能；按要求发出预警、报警信号并控制气液比报警加油枪加油功能。站级监测控制系统应能显示当前及历史油气回收系统运行状态的各种参数，存储、导出和远程传输一段时间内所要求的全部监控数据，并通过一定的数据格式将数据、图文等传输至相关主管部门。

9.2.3　系统技术要求

9.2.3.1　一般要求

（1）在线监测系统的检测/测量器件应具有出厂质量合格证书，属于计量器具的应取得我国计量行政管理部门颁发的计量器具型式批准证书；不属于计量器具的应取得省部级以上具有检测资质机构出具的检验报告。检测/测量器件应按照要求进行定期检验。

（2）在线监测系统应满足《汽车加油加气加氢站技术标准》（GB 50156—2021）等加油站现场施工安装所要求的防爆等级。

（3）在线监测系统的监控主机上应具有产品铭牌，铭牌上应标有仪器名称、型号、防爆标志、生产单位、出厂编号、制造日期等信息。

（4）在线监测系统仪器表面应完好无损，无明显缺陷，各零部件连接可靠，各操作键、按钮使用灵活，定位准确。

（5）在线监测系统主机面板应显示清晰，涂色牢固，字符、标识易于识别，不应有影响读数的缺陷，不应有明显的响应延迟。

（6）在线监测系统现场传感器外壳或外罩应具有耐腐蚀、密封性强、防尘、防雨等特性。

（7）在线监测系统应具有声光报警功能。

（8）系统应具备软件、数据安全管理功能。仪器受外界强干扰或偶然意外，或掉电后又上电等情况发生，造成程序中断，应能实现自动启动，自动恢复运行状态，并记录出现故障和恢复运行的时间。

（9）在线监测系统应具有故障诊断功能，对流量传感器、压力传感器、油气泄漏监测传感器等关键零部件的断电、短路等非正常状况进行预警和报警；当怀疑油气回收系统出现异常时，可通过调阅相关视频录像进行查看。

9.2.3.2　工作条件要求

（1）加油站在线监测系统主机及各检测/测量器件在室外环境下使用时，应采取有效手段保证系统总成和零部件能够有效可靠地运行。

（2）加油站在线监控系统主机在室内环境下使用时，在以下条件下应能正常工作。

①室内环境温度：0～40℃。

②相对湿度：≤90%。

③大气压：80～106 kPa。

④供电电压：AC（220±22）V，（50±1）Hz。

（3）在低温、低压等特殊环境条件下，仪器设备的配置应满足当地环境条件的使用要求。

9.2.3.3　预警、报警要求

（1）在线监测系统对气液比的监测：在 24 小时（自然天）内，加油站在线监测系统监测到任一条加油枪的有效气液比（每次连续加油量≥15 L）小于 0.9 或大于 1.3 的次数超过该枪加油总次数的 25%时，系统应对该条加油枪预警，连续 7 天处于预警状态应报警；有效气液比小于 0.6 或大于 1.5 连续超过 24 小时（自然天）时应报警，并存储、发送对应加油枪的状态、参数等信息。

（2）如当日某加油枪加油次数小于 5 次时，在线监测系统不对该加油枪进行气液比预警和报警判断，并与次日加油次数进行累计，直至大于或等于 5 次后再进行气液比预警和报警判断。

（3）在线监测系统对油气回收系统压力的监测：在线监测系统应以不大于 30 秒采样间隔监测分析油气回收系统压力状态，在 24 小时（自然天）内，在线监控系统监测到的系统压力与大气压差值（表压）处于-50～50 Pa 范围内的连续时间超过 12 小时，系统应预警，若连续 7 天处于预警状态应报警。

（4）在线监控系统可以不大于 30 秒的采样间隔监测加油站内的挥发性有机物，当浓度传感器监测到的浓度≥4 000 μmol/mol 时，则判断该处可能存在系统油气泄漏情况，立即进行预警，当连续 7 天处于预警状态应报警；当监测到的浓度≥8 000 μmol/mol 时应立即报警。

9.2.3.4　数据采集和传输要求

（1）在线监控系统应配有数据采集和传输设备，能及时将数据采集处理传输到监控系统的主控机进行存储。

（2）具备显示、设置系统时间和时间标签功能。

（3）具备显示实时数据及查询历史数据的功能。

（4）具备数字信号输出功能。

（5）具有中文数据采集、记录、处理和控制软件。

（6）系统掉电后，能自动采集和保存气液比监测数据；恢复供电后系统可自动启动，恢复运行状态并正常开始工作后，应能保持重启前的预警、报警状态并补充传递相关数据到系统主机中。

（7）在线监控系统停止运行自启动后，应继续与停止前的数据进行连续计算。

（8）在线监控系统程序应具备防篡改功能。

（9）在线监控系统具备 1 年以上数据的存储能力。

（10）系统应支持自动或手动方式进行零点漂移的校准。

（11）加油非正常中断后继续加油时，应分别保存对应的加油量、回气量及气液比等数据。

9.2.3.5　数据通信功能要求

（1）在线监测系统应具有远程数据通信功能，能够上传数据并响应部门指令，能够按照规定的内容、格式和时间间隔，将监测数据打包上传到指定的网络 IP 地址，数据传输应满足《污染物在线监控（监测）系统数据传输标准》（HJ 212—2017）

的要求。上传时钟设置应与北京时间保持一致。

（2）上传数据至少应包括加油站在线监测系统配置数据、系统运行日志、监测地点标识、加油机和加油枪标识、埋地油罐标识、各加油枪气液比、油气系统压力（单位：Pa）等监测数据、预报警数据、监测日期与时间数据等。数据包的大小按照传输方式自主确定。

（3）在线监控系统上传气液比数据时，应同时上传加油开始时间、加油结束时间和数据上传时间；上传压力数据时，应同时上传压力数据的生成时间和上传时间；上传预警和报警数据时，应同时上传预警和报警数据的生成时间和上传时间。每次上传数据的时间间隔应不大于 1 小时，不得重复发送数据。

9.2.4　检测/测量器件性能指标

9.2.4.1　气体流量传感器

（1）累积体积分辨力：不大于 0.5 L。

（2）测量准确度：不低于 ±2%。

（3）量程范围：最大量程范围为 80～200 L/min。

9.2.4.2　压力传感器

（1）分辨力：不大于 5 Pa。

（2）最大允许误差：不超过满量程的 0.5%。

（3）量程范围：±3.0 kPa。

9.2.4.3　油气浓度传感器

（1）分辨力：50 μmol/mol。

（2）最大允许误差：±3%测量值。

（3）最大量程：不小于 10 000 μmol/mol。

9.2.4.4　高清摄像头

（1）像素：系统水平分辨力应大于或等于 800 TVL。

（2）信噪比：峰值信噪比（PSNR）不应低于 32 Db。

（3）最高帧率：1 280×720/60 fps。

（4）彩色照度：星光级彩色不高于 0.000 8 Lux，在星光条件下录像图像清晰。

9.2.4.5　温度传感器

（1）分辨力：0.5℃。

（2）最大允许误差：不超过±1%。

（3）量程范围：−50～70℃。

9.2.5　位置要求

9.2.5.1　一般要求

（1）加油站在线监控系统及各检测/测量元器件应布置在能准确可靠地连续监测油气回收系统的有代表性位置上。

（2）加油站在线监控系统及各检测/测量元器件性能应不受环境光线和电磁辐射的影响，油气管线振动幅度尽可能小，应避免油气中油滴和颗粒物的干扰。

9.2.5.2　气体流量传感器

气体流量传感器宜布置在油气回收管线垂直段和负压区域。布置气体流量传感器时必须注意进、出气孔位置，注意气体流动方向的箭头标识，应避开油气管线弯头和断面急剧变化的部位。

9.2.5.3　气液比采集控制器

（1）气液比采集控制器安装及气体流量传感器与气液比采集控制器之间的通信布置应满足《汽车加油加气加氢站技术标准》（GB 50156—2021）的要求，数量根据实际配置选定。

（2）气液比采集控制器需要获取加油机的加油脉冲时，采集控制器的脉冲输入端口应采用光电隔离电路，同时脉冲信号应单向传递以避免对加油机计量脉冲产生影响。

9.2.5.4　压力传感器

（1）对于油气空间连通的汽油埋地油罐，加油站应至少安装 1 个压力传感器；对于油气空间非连通的汽油埋地油罐，加油站应至少安装与汽油埋地油罐数量相等的压力传感器，并在压力传感器附近预留检测接口。

（2）可以任选以下位置安装压力传感器：

①加油站汽油油罐排气管球阀下方；

②为后处理装置预留的进气管，待安装的后处理装置不应具有主动抽气功能；

③不具有主动抽气功能的后处理装置的进气管；

④加油站汽油油罐人井盖；

⑤通过论证能够代表系统压力监测功能要求的其他位置。

9.2.5.5　浓度传感器

浓度传感器宜布置在容易检测油气回收系统出现油气泄漏的接口或连接部位上或附近区域，如卸油油气回收口、人井盖、加油机内等处。

9.2.5.6　高清摄像头

（1）高清摄像头宜布置在方便监测卸油操作、加油操作和储油区操作状况（如人工量油操作）的区域和高度。

（2）高清摄像头的布置应防止极端气象条件的影响和人为破坏。

（3）有特殊安全要求的区域应选用防爆摄像机防护设备。

9.2.5.7　温度传感器

（1）温度传感器宜布置在能够接触到埋地油罐气相空间的区域。

（2）对于油气空间连通的汽油埋地油罐，加油站宜至少安装 1 个温度传感器。对于油气空间非连通的汽油埋地油罐，加油站宜安装与汽油埋地油罐数量相等的温度传感器。

9.2.6　监测功能验证

（1）可通过检测软件或其他检测方法（如人工方法）检查通信上传数据的准确性、符合性、预报警规则正确性及各项功能（数据的接收、处理、预警、报警、显示、存储、上传等功能）是否满足要求：

①可通过调整加油枪气液比的方法，检查在线监控系统气液比监测数据是否有明显变化，必要时可通过人工比对的方法判断气液比信息是否正确上传和预警、报警；

②可通过临时性打开地下储罐排放管上旁通阀的方法，检测在线监控系统压力监测值是否有明显变化，以及是否正确预警、报警；

③可通过采用含 VOCs 的气体通入浓度传感器采样头的方法，检查在线监控系统油气泄漏监测数据是否有变化，以及是否正确上传和预警、报警。

（2）可通过检测软件或其他检测方法（如人工方法）进行在线监控系统时钟准确性检查。

9.3　在线监测系统准确性校核方法

加油站在线监测系统应每年至少校准检测 1 次。

9.3.1　压力传感器校准测试和比对程序

步骤 1：按照《加油站大气污染物排放标准》（GB 20952—2020）附录 B 的方法进行密闭性人工检测，在进行测试之前需确认加油站液阻达标。

步骤 2：同时记录手工测试和在线监控系统监测的系统压力读数。

步骤 3：将手工检测得到的 5 分钟压力平均值与在线监控系统同时段监测的 5 分钟压力平均值作比较。

通过：若绝对差值≤50 Pa，在线监控系统压力监测准确度视为满足要求；

继续：若绝对差值＞50 Pa，则进行步骤 4。

步骤 4：按照步骤 1～步骤 2 再做 2 次密闭性检测，按照步骤 3 计算手工检测与在线监控系统监测的 5 分钟压力平均值的绝对误差，再计算 3 次绝对误差的平均值。

通过：若 3 次绝对差值平均值≤50 Pa，在线监控系统压力监测准确度视为满足要求。

判断：若 3 次绝对差值平均值＞50 Pa，此项检测不合格。

步骤 5：对于非连通埋地油罐的加油站，按照步骤 1～步骤 4 依次检测每个油罐的压力。

9.3.2　流量传感器校准测试和比对程序

步骤 1：选择被测试的加油机并在记录表上表明加油机序列号和加油枪数目。记录油气流量传感器的序列号，按照《加油站大气污染物排放标准》（GB 20952—2020）附录 C 的方法进行加油枪高档加油速度下气液比的人工检测。

步骤 2：用手工测试值与在线监控系统显示值一对一进行比对。若在线监控系统记录加油量与加油机显示加油量的相对误差＞1%，或 1 分钟内在线监控系统未提供本次气液比，判定在线监控系统气液比监测性能不合格。

通过：若气液比差值在±0.15 范围内，在记录表上记录该加油枪气液比监测通过测试，若该流量传感器未监测其他加油枪，则判断该流量传感器通过测试。

继续：若该加油枪气液比差值超出±0.15 范围，则进行步骤 3。

步骤 3：依照步骤 2 再进行 2 次气液比检测，取 3 次结果的平均值。

步骤 4：将 3 次气液比检测结果平均值与在线监测显示气液比平均值进行比较。

通过：若差值在±0.15 范围内，且该流量传感器未监测其他加油枪，则此流量传感器通过测试；若差值超出±0.15 范围，则判断该流量传感器未通过测试。

继续：若差值在±0.15 范围内，但该流量传感器同时监测其他加油枪，则进行步骤 5。

步骤 5：在另一条加油枪上重复步骤 1～步骤 4，直至该流量传感器监测的所有加油枪完成气液比比对。

步骤 6：该流量传感器监测的所有加油枪气液比监测合格，则判断该流量传感器合格，若该流量传感器监测加油枪中任一条加油枪监测比对不合格，则判断该流量传感器监测性能不合格。

步骤 7：重复以上步骤进行全部油气流量传感器比对，全部流量计传感器测试结果通过，则判定为该监测项目合格，否则判断为不合格。

9.3.3　检测记录

校准测试记录分别见表 9-2 和表 9-3。

表 9-2　在线监测系统压力传感器校准比对记录表

检测目的：		□验收		□抽查			□年度检查		
检测设备名称			设备状态			检定有效期			
检测设备型号			设备编号			环境温度			
检测依据			GB 20952—2020			检测时间			
加油站油气回收系统设备参数			各埋地油罐的油气管线是否连通：□是　　　　　　□否						
			是否有油气处理装置：□是　　　　　　□否						
操作参数			1 号埋地油罐服务的加油枪数：						
			2 号埋地油罐服务的加油枪数：						
			3 号埋地油罐服务的加油枪数：						
			4 号埋地油罐服务的加油枪数：						
埋地油罐编号			1		2		3	4	⋯
汽油标号									
埋地油罐公称容积/L									
检测时罐内汽油体积/L									
检测时罐内油气空间/L									
初始罐压/Pa									
检测初始压力/Pa									
密闭性检测 5 min 之后的压力/Pa									

检测时间	第 1 次检测			第 2 次检测			第 3 次检测		
	人工检测	在线监控	绝对差值	人工检测	在线监控	绝对差值	人工检测	在线监控	绝对差值
1 min			—			—			—
2 min			—			—			—
3 min			—			—			—
4 min									
5 min									
5 min 平均值			—			—			—
是否达标	□ 是　　□ 否								
标准限值	第 1 次 5 min 压力绝对差值或 3 次 5 min 压力绝对差值平均值均≤50 Pa 视为达标								
备注	1. 电子式仪表记录数据保留至仪器最小分辨率；机械式仪表记录数据保留至仪器最小分辨率后一位。 2. 平均值数据记录四舍五入至整数。 3. 压力绝对差值=│人工方法压力值-在线监控系统压力值│								

检测人：　　　　　　复核人：　　　　　　加油站陪检人：　　　　　　检测日期：

表 9-3 在线监测系统流量传感器校准比对记录表

检测目的：□验收　　　　□抽查　　　　□年度检查　　　　测试日期

检测设备名称			设备状态			检定有效期		
设备型号			设备编号			现场环境温度		
检验依据	GB 20952—2020		检测时间		时　分 —	时　分		
加油枪编号	人工检测			加油站在线监控系统			比对结果		
	回气量/L	加油量/L	A/L	回气量/L	加油量/L	A/L	加油量相对误差[1]	是否达标	A/L绝对误差[2]	是否达标

结论：　　　　□符合　　　　　　　　□不符合

检测人：　　　　复核人：　　　　　加油站陪检人：　　　　检测日期：

备注：1. 加油量相对误差=│参比方法测量值−加油机示值│÷加油机示值×100%，≤1%视为达标；

　　　2. A/L 绝对差值=│参比方法测量值−加油站在线监控系统测量值│，≤0.15 视为达标

第10章 厂界环境噪声及周边环境影响监测

厂界环境噪声和周边环境质量监测应按照相关的标准和规范开展。对于厂界噪声而言,重点是监测点位的布设,应能够反映厂内噪声源对厂外尤其是对厂外居民区等敏感点的影响。对周边环境质量监测,不同的储油库、加油站排污单位对周边环境空气、地表水、近岸海域海水、土壤和地下水有不同程度的影响,在制定监测方案时应依据相关标准规范和管理要求,若无明确要求,储油库、加油站排污单位可结合本单位实际排污情况,选择有必要开展监测的对象,结合本单位实际排污环境,适当选择应监测的对象,确保监测项目、监测点位的代表性和监测采样的规范性。本章围绕厂界环境噪声、地表水、近岸海域海水、地下水、土壤和环境空气监测的关键点进行介绍和说明。

10.1 厂界环境噪声监测

10.1.1 环境噪声的含义

《中华人民共和国噪声污染防治法》第二条规定:本法所称噪声污染,是指超过噪声排放标准或者未依法采取防控措施产生噪声,并干扰他人正常生活、工作和学习的现象。所以在测量厂界环境噪声时应重点关注:①噪声排放是否超过标准规定的排放限值;②是否干扰他人正常生活、工作和学习。

10.1.2 厂界环境噪声布点原则

《工业企业厂界环境噪声排放标准》（GB 12348—2008）规定，厂界环境噪声监测点的选择应根据工业企业声源、周围噪声敏感建筑物的布局以及毗邻的区域类别，在工业企业厂界布设多个点位，包括距噪声敏感建筑物较近以及受被测声源影响较大的位置。《总则》则更具体地指出了厂界环境噪声监测点位设置应遵循的原则：①根据厂内主要噪声源距厂界位置布点；②根据厂界周围敏感目标布点；③"厂中厂"是否需要监测根据内部和外围排污单位协商确定；④面临海洋、大江、大河的厂界原则上不布点；⑤厂界紧邻交通干线不布点；⑥厂界紧邻另一个排污单位的，在临近另一个排污单位侧是否布点由排污单位协商确定。

储油库排污单位厂界环境噪声监测点位设置应遵循《总则》中的原则，主要考虑各类压缩机、泵、调压阀、节流阀等噪声源在场站内的分布情况和周边噪声敏感建筑物的位置。

厂界一侧长度在 100 m 以下的，原则上可布设 1 个监测点位；300 m 以下的可布设 2～3 个监测点位；300 m 以上的可布设 4～6 个监测点位。通常所说的厂界，是指由法律文书（如土地使用证、土地所有证、租赁合同等）所确定的业主所拥有的使用权（或所有权）的场所或建筑边界，各种产生噪声的固定设备的厂界为其实际占地边界。

设置测量点时，一般情况下应选在工业企业厂界外 1 m、高度 1.2 m 以上、距任一反射面距离不小于 1 m 的位置；当厂界有围墙且周围有受影响的噪声敏感建筑物时，测点应选在厂界外 1 m、高于围墙 0.5 m 的位置；当厂界无法测量到声源的实际排放状况时（如声源位于高空、厂界设有声屏障等），应在工业企业厂界外 1 m、高度 1.2 m 以上、距任一反射面距离不小于 1 m 的位置设置测点，同时在受影响的噪声敏感建筑物的户外 1 m 处另设测点，建筑物高于 3 层时，可考虑分层布点；测量室内噪声时，测量点位应设在距任何反射面 0.5 m 以上、距地面 1.2 m 高度处，在受噪声影响方向的窗户开启状态下测量；固定设备结构传声至噪声敏感建筑物室内，在噪声敏感建筑物室内测量时，测点应距任何反射面 0.5 m 以上、距地面 1.2 m、距外窗 1 m 以上，窗户关闭状态下测量，具体要求参照《环境噪声监测技术规范　结构传播固定设备室内噪声》（HJ 707—2014）。

10.1.3　环境噪声测量仪器

测量厂界环境噪声使用的测量仪器为积分平均声级计或环境噪声自动监测仪，其性能应不低于《电声学　声级计　第 1 部分：规范》（GB/T 3785.1—2010）中对 2 型仪器的要求。测量 35 dB（A）以下的噪声时应使用 1 型声级计，且测量范围应满足所测量噪声的需要。校准所用仪器应符合《电声学　声校准器》（GB/T 15173—2010）对 1 级或 2 级声校准器的要求。当需要进行噪声的频谱分析时，仪器性能应符合《电声学　倍频程和分数倍频程滤波器》（GB/T 3241—2010）中对滤波器的要求。

测量仪器和校准仪器应定期检定是否合格，并在有效使用期限内使用；每次测量前后必须在测量现场进行声学校准，其前后校准示值偏差不得大于 0.5 dB（A），否则测量结果无效。测量时传声器应加防风罩。测量仪器时间计权特性设为 "F" 挡，采样时间间隔不大于 1 秒。

10.1.4　环境噪声监测注意事项

测量应在无雨雪、无雷电天气，风速为 5 m/s 以下时进行。若不得不在特殊气象条件下测量，应采取必要措施保证测量的准确性，同时注明当时所采取的措施及气象情况，测量应在被测声源正常工作时间进行，同时注明当时的工况。

测量应分别在昼间、夜间两个时段进行。夜间有频发、偶发噪声影响时同时测量最大声级。若被测声源为稳态噪声，采用 1 分钟的等效声级；若被测声源为非稳态噪声，测量被测声源有代表性时段的等效声级，必要时测量被测声源整个正常工作时段的等效声级。噪声超标时，必须测量背景值，背景噪声的测量及修正应按照《环境噪声监测技术规范　噪声测量值修正》（HJ 706—2014）执行。

10.1.5   监测结果评价

各个测点的测量结果应单独评价。同一测点每天的测量结果应按昼间、夜间进行评价。最大声级直接评价。当厂界与噪声敏感建物距离小于 1 m，厂界环境噪声在噪声敏感建筑物室内测量时，应将相应的噪声标准限制降低 10 dB（A）作为评价依据。

10.2   地表水监测

本节仅针对监测断面设置和现场采样进行介绍，样品保存、运输以及实验室分析部分参考第 6 章。

10.2.1   监测断面设置

排污单位厂界周边的地表水环境质量影响监测点位应参照排污单位环境影响评价文件及其批复和其他环境管理要求设置。

如环境影响评价文件及其批复和其他文件中均未作出要求，排污单位需要开展周边环境质量影响监测的，环境质量影响监测点位设置的原则和方法参照《建设项目环境影响评价技术导则　总纲》（HJ 2.1—2016）、《环境影响评价技术导则　地表水环境》（HJ 2.3—2018）和《地表水环境质量监测技术规范》（HJ 91.2—2022）等执行。

《环境影响评价技术导则　地表水环境》（HJ 2.3—2018）规定环境影响评价中，应提出地表水环境质量监测计划，包括监测断面或点位位置（经纬度）、监测因子、监测频次、监测数据采集与处理、分析方法等。地表水环境质量监测断面或点位设置需与水环境现状监测、水环境影响预测的断面或点位相协调，并应强化其代表性、合理性。

10.2.1.1　河流监测断面设置

根据《环境影响评价技术导则　地表水环境》（HJ 2.3—2018）、《地表水环境质量监测技术规范》（HJ 91.2—2022）的规定，应布设对照断面和控制断面。对照断面宜布置在排放口上游 500 m 内。控制断面应根据受纳水域水环境质量控制管理要求设置。控制断面可结合水环境功能区或水功能区、水环境控制单元区划情况，直接采用国家及地方确定的水质控制断面。评价范围内不同水质类别区、水环境功能区或水功能区、水环境敏感区及需要进行水质预测的水域，应布设水质监测断面。评价范围以外的调查或预测范围，可以根据预测工作需要增设相应的水质监测断面。水质取样断面上取样垂线的布设与各垂线上的采样点的设置按照《地表水环境质量监测技术规范》（HJ 91.2—2022）的规定执行。

10.2.1.2　湖库监测点位设置

根据《环境影响评价技术导则　地表水环境》（HJ 2.3—2018），水质取样垂线的设置可采用以排放口为中心，沿放射线布设或网格布设的方法，按照下列原则及方法设置：一级评价[①]在评价范围内布设的水质取样垂线数宜不少于 20 条；二级评价[②]在评价范围内布设的水质取样垂线宜不少于 16 条。评价范围内不同水质类别区、水环境功能区或水功能区、水环境敏感区、排放口和需要进行水质预测的水域，应布设取样垂线。水质取样垂线上取样点的布设按照《地表水环境质量监测技术规范》（HJ 91.2—2022）的规定执行。

---

① 参见《环境影响评价技术导则　地表水环境》（HJ 2.3—2018）。
② 参见《环境影响评价技术导则　地表水环境》（HJ 2.3—2018）。

10.2.2 水样采集

10.2.2.1 基本要求

（1）河流

对开阔河流采样时，应包括下列基本点：用水地点的采样；污水流入河流后，对充分混合的地点及流入前的地点采样；支流合流后，对充分混合的地点及混合前的主流与支流地点的采样；主流分流后地点的选择；根据其他需要设定的采样地点。各采样点原则上应在河流横向及垂向的不同位置采集样品。采样时间一般选择在采样前至少连续两天晴天，水质较稳定的时间。

（2）水库和湖泊

水库和湖泊的采样，由于采样地点和温度的分层现象可引起很大的水质差异，在调查水质状况时，应考虑到成层期与循环期的水质明显不同。了解循环期水质，可布设和采集表层水样；了解成层期水质，应按照深度布设及分层采样。

10.2.2.2 水样采集要点内容

（1）采样器材

采样器材包括采样器、静置容器、样品瓶、水样保存剂以及其他辅助设备。采样器材的材质和结构、水样保存等应符合标准分析方法要求，如标准分析方法中无要求则按《水质 样品的保存和管理技术规定》（HJ 493—2009）执行。

采样器包括表层采样器、深层采样器、自动采样器、石油类采样器等。水样容器包括聚乙烯瓶（桶）、硬质玻璃瓶和聚四氟乙烯瓶。聚乙烯瓶一般用于大多数无机物的样品，硬质玻璃瓶用于有机物和生物样品，玻璃或聚四氟乙烯瓶用于微量有机污染物（挥发性有机物）样品。

（2）采样量

在地表水水质监测中通常采集瞬时水样。采样量参照规范要求，即考虑重复测定和质量控制需要的量，并留有余地。

（3）采样方法

可以采用船只采样、桥上采样、涉水采样等方式采集水样。使用船只采样时，采样船应位于采样点的下游，逆流采集水样，避免搅动底部沉积物。采样人员应尽量在船只前部采样，尽量使采样器远离船体。在桥上采样时，采样人员应能准确控制采样点位置，确定合适的汲水场合，采用合适的方式采样，如可用系着绳子的水桶投入水中汲水，要注意不能混入漂浮于水面上的物质。涉水采样时，采样人员应站在采样点下游，逆流采集水样，避免搅动底部沉积物。

一般情况下，不允许采集岸边水样，监测断面目视范围内无水或仅有不连贯的积水时，可不采集水样，但要做好现场情况记录。

（4）水样保存

在水样采入或装入容器后，应按规范要求加入保存剂。

10.2.2.3　注意事项

地表水水样的采集需按照《地表水环境质量监测技术规范》（HJ 91.2—2022）的要求进行。需要注意《地表水环境质量标准》（GB 3838—2002）中规定的部分项目，除标准分析方法有特殊要求的监测项目外，均要求水样采集后自然沉降 30 分钟。

水样采集过程中还应注意以下方面：

（1）采样时不可搅动水底的沉积物。除标准分析方法有特殊要求的监测项目外，采集到的水样倒入静置容器中，自然沉降 30 分钟。

（2）使用虹吸装置取上层不含沉降性固体的水样，虹吸装置进水尖嘴应保持插至水样表层 50 mm 以下位置。

（3）采样时应保证采样点的位置准确，必要时用定位仪（GPS）定位。

（4）采样结束前，核对采样方案、记录和水样是否正确，否则补采。认真填写采样记录表。

（5）石油类、五日生化需氧量（BOD_5）、溶解氧（DO）、硫化物、粪大肠菌群、悬浮物、叶绿素 a 或标准分析方法有特殊要求的项目要单独采样。

（6）测定油类水样，应在水面至 30 cm 范围内采集柱状水样，并单独采集，全部用于测定，样品瓶不得用采集水样荡洗。

（7）测定溶解氧、五日生化需氧量、硫化物和有机物等项目时，水样必须注满容器，上部不留空间，并用水封口。

10.3 近岸海域海水影响监测

10.3.1 监测点位设置

排污单位厂界周边的海水环境质量影响监测点位设置，按照排污单位环境影响评价文件及其批复和其他环境管理要求执行。

如环境影响评价文件及其批复和其他文件中均未作出要求，排污单位需要开展周边环境质量影响监测的，环境质量影响监测点位设置的原则和方法参照《建设项目环境影响评价技术导则 总纲》（HJ 2.1—2016）、《环境影响评价技术导则 地表水环境》（HJ 2.3—2018）、《近岸海域环境监测技术规范 第八部分 直排海污染源及对近岸海域水环境影响监测》（HJ 442.8—2020）、《近岸海域环境监测点位布设技术规范》（HJ 730—2014）等执行。

根据《环境影响评价技术导则 地表水环境》（HJ 2.3—2018），一级评价可布设 5～7 个取样断面，二级评价可布设 3～5 个取样断面。根据垂向水质分布特点，参照《海洋调查规范》（GB/T 12763—2007）、《近岸海域环境监测技术规范 第八部分 直排海污染源及对近岸海域水环境影响监测》（HJ 442.8—2020）、《近岸海域环境监测点位布设技术规范》（HJ 730—2014）执行。排放口位于感潮河段内的，其上游设置的水质取样断面，应根据时间情况参照河流决定，其下游断面的布设与近岸海域相同。

10.3.2　水样采集基本要求

10.3.2.1　采样前环境情况检查

每次采样前均应仔细检查装置的性能及采样点周围的状况。

（1）岸上采样

如果水是流动的，采样人员站在岸边，必须面对水流动方向操作。若底部沉积物受到扰动，则不能继续取样。

（2）船上采样

由于船体本身就是一个重要污染源，船上采样要始终采取适当措施防止船上各种污染源可能带来的影响。采痕量金属水样应尽量避免使用铁质或其他金属制成的小船，采用逆风逆流采样，一般应在船头取样，将来自船体的各种沾污控制在尽量低的水平上。当船体到达采样点位后，应该根据风向和流向，立即将采样船周围海面划分为船体沾污区、风成沾污区和采样区三部分，然后在采样区采样。或者待发动机关闭后，船体仍在缓慢前进时，将抛浮式采水器从船头部位尽力向前方抛出，或者使用小船离开大船一定距离后采样；采样人员应坚持向风操作，采样器不能直接接触船体任何部位，裸手不能接触采样器排水口，采样器内的水样先放掉一部分后再取样；采样深度的选择是采样的重要部分，通常要特别注意避开微表层采集表层水样，也不要在悬浮沉积物富集的底层水附近采集底层水样；采样时应避免剧烈搅动水体，如发现底层水浑浊，应停止采样；当水体表面漂浮杂质时，应防止其进入采样器，否则重新采样；采集多层次深水水域的样品，按由浅到深的顺序采集；因采水器容积有限不能一次完成时，可进行多次采样，将各次采集的水样集装在大容器中，分样前应充分摇匀。混匀样品的方法不适于溶解氧、BOD_5、油类、细菌学指标、硫化物及其他有特殊要求的项目；测溶解氧、BOD_5、pH 等项目的水样，采样时须充满容器，避免残留空气对测项的干扰；其他测项，装水样至少留出容器体积 10% 的空间，以便样品分析前充分摇匀；取样时，应沿样品瓶内壁注入，除溶解氧等特殊要求外放水管不要插入液面下装样；除现场测定项目外，样品采集后应按要求加入保存剂，并颠倒数次使保存剂在样品中均匀分散；水样取好后，仔细塞好瓶塞，不能有漏水现象。如将水样转送他处或不能立刻分析时，应用石蜡或水漆封口。对不同水深，采样层次按照《近岸海域环境监测技术规范　第八部分　直排海污染源及对近岸海域水环境影响监测》（HJ 442.8—2020）执行。

10.3.2.2　现场采样注意事项

（1）项目负责人或技术负责人同船长协调海上作业与船舶航行的关系，在保证安全的前提下，航行应满足监测作业的需要。

（2）按监测方案要求，获取样品和资料。

（3）水样分装顺序的基本原则是：不过滤的样品先分装，需过滤的样品后分装；一般按悬浮物和溶解氧（五日生化需氧量）→pH→营养盐→重金属→化学需氧量→叶绿素 a→浮游植物（水采样）的顺序进行分装；如化学需氧量和重金属汞需测试非过滤态，则按悬浮物和溶解氧（五日生化需氧量）→化学需氧量→汞→pH→盐度→营养盐→其他重金属→叶绿素 a→浮游植物（水采样）的顺序进行分装。

（4）在规定时间内完成应在海上现场测试的样品，同时做好非现场检测样品的预处理。

（5）采样事项：船到达点位前 20 分钟，停止排污和冲洗甲板，关闭厕所通海管路，直至监测作业结束；严禁用手沾污所采样品，防止样品瓶塞（盖）沾污；观测和采样结束，应立即检查有无遗漏，然后方可通知船方启航；在大雨等特殊气象条件下应停止海上采样工作；遇有赤潮和溢油等情况，应按应急监测规定要求进行跟踪监测。

10.4　地下水监测

10.4.1　监测点位（井）布设

环境管理要求或储油库、加油站排污单位的环境影响评价文件及其批复［仅限 2015 年 1 月 1 日（含）后取得环境影响评价批复的］对厂界周边的地下水环境质量监测有明确要求的，按要求执行。如环境影响评价文件及其批复和其他文件中均未作出要求，排污单位认为有必要开展周边环境质量影响监测的，地下水环境质量影响监测点位设置的原则和方法参照《环境影响评价技术导则　地下水环境》（HJ 610—2016）、《地下水环境监测技术规范》（HJ 164—2020）等执行。

参考《环境影响评价技术导则　地下水环境》（HJ 610—2016），根据排污单位类别及地下水环境敏感程度，划分排污单位对地下水环境影响的等级见表 10-1，进而确定地下水监测点位（井）的数量及分布。

表 10-1　排污单位周边地下水环境影响等级分级表

敏感程度[2]	项目类别[1]		
	Ⅰ 类项目	Ⅱ 类项目	Ⅲ 类项目
敏感	一级	一级	二级
较敏感	一级	二级	三级
不敏感	二级	三级	三级

注：①参见《环境影响评价技术导则　地下水环境》（HJ 610—2016）附录 A。
②参见《环境影响评价技术导则　地下水环境》（HJ 610—2016）表 1。

地下水环境质量影响监测点位（井）数量及设置要求：影响等级为一级、二级的排污单位，点位数量一般不少于 3 个，应至少在排污单位建设场地上、下游各布设 1 个。一级排污单位还应在重点污染风险源处增设监测点。影响等级为三级的排污单位，点位数量一般不少于 1 个，应至少在排污单位下游布设 1 个。

10.4.2 监测井的建设与管理

开展周边地下水环境质量影响监测时，排污单位可选择符合点位布设要求、常年使用的现有井（如经常使用的民用井）作为监测井，在无合适现有井时，可设置专门的监测井。多数情况下，地下水可能存在污染的部分集中在接近地表的浅水中，排污单位应根据所在地及周边水文地质条件确定地下水埋藏深度，进而确定地下水监测井井深或取水层位置。

地下水监测井的建设与管理，应符合《地下水环境监测技术规范》（HJ 164—2020）第 5 章的规定。

地下水样品的现场采集、保存、实验室分析及质量控制的具体操作过程，应符合《地下水环境监测技术规范》（HJ 164—2020）第 6 章、第 7 章、第 8 章、第 10 章的规定。

10.5 土壤监测

环境管理要求或储油库、加油站排污单位的环境影响评价文件及其批复［仅限 2015 年 1 月 1 日（含）后取得环境影响评价批复的］对厂界周边的土壤环境质量监测有明确要求的，按要求执行。如环境影响评价文件及其批复和其他文件中均未作出要求，排污单位认为有必要开展周边环境质量影响监测的，土壤环境质量影响监测点位设置的原则和方法参照《环境影响评价技术导则　土壤环境（试行）》（HJ 964—2018）、《土壤环境监测技术规范》（HJ/T 166—2004）等执行。

参考《环境影响评价技术导则　土壤环境（试行）》（HJ 964—2018）中有关污染影响型建设项目的要求，根据排污单位类别、占地规模及土壤环境的敏感程度，确定监测点位布设的范围、数量及采样深度。

根据表 10-2 的规定，确定排污单位对周边土壤环境影响的等级，在确定排污单位土壤环境影响的等级后，可根据表 10-3 的规定确定监测点布设的范围及点位数量。

表 10-2 排污单位周边土壤环境影响等级分级表

敏感程度③	项目类别①								
	Ⅰ类项目			Ⅱ类项目			Ⅲ类项目		
	大型②	中型	小型	大型	中型	小型	大型	中型	小型
敏感	一级	一级	一级	二级	二级	二级	三级	三级	三级
较敏感	一级	一级	二级	二级	二级	三级	三级	三级	—
不敏感	一级	二级	二级	二级	三级	三级	三级	—	—

注：①参见《环境影响评价技术导则 土壤环境（试行）》（HJ 964—2018）附录 A；

②排污单位占地规模分为大型（≥50 hm²）、中型（5～50 hm²）、小型（≤5 hm²）；

③敏感程度参见《环境影响评价技术导则 土壤环境（试行）》（HJ 964—2018）表 3。

表 10-3 排污单位周边土壤环境质量影响监测点位布设范围及数量

土壤环境影响等级	周边土壤环境监测点的布设范围①	点位数量
一级	1 km	4 个表层点②
二级	0.2 km	2 个表层点②
三级	0.05 km	—③

注：①涉及大气沉降途径影响的，可根据主导风向下风向最大浓度落地点适当调整监测点位布设范围。

②表层点一般在 0～0.2 m 采样。

③影响等级为三级的排污单位，除有特殊要求的，一般可不考虑布设周边土壤环境监测点。

土壤样品的现场采集、样品流转、制备、保存、实验室分析及质量控制的具体过程应符合《土壤环境监测技术规范》（HJ/T 166—2004）中的相关技术规定。

10.6 环境空气监测

10.6.1 监测点位设置

环境管理要求或储油库、加油站排污单位的环境影响评价文件及其批复［仅限 2015 年 1 月 1 日（含）后取得环境影响评价批复的］对厂区周边的环境空气质量监测有明确要求的，按要求执行。如环境影响评价文件及其批复和其他文件中均未作出要求，排污单位认为有必要开展周边环境质量影响监测的，环境空气质量影响监测点位设置的原则和方法参照《环境空气质量监测点位布设技术规范（试行）》（HJ 664—2013）执行。

监测点位布设时，根据监测目的和任务要求来确定具有代表性的监测点位。对于为监测固定污染源对当地环境空气质量影响而设置的监测点，代表范围一般为半径100～500 m，如果考虑较高的点源对地面浓度影响时，半径也可以扩大到500～4 000 m。

污染监控点应依据排放源的强度和主要污染项目布设，设置在排放源的主导风向和第二主导风向的下风向最大落地浓度区内，以捕捉到最大污染特征为原则进行布设。

监测点采样口周围水平面应保证有270°以上的捕集空间，不能有阻碍空气流动的高大建筑、树木或其他障碍物；如果采样口一侧靠近建筑，采样口周围水平面应有180°以上的自由空间。从采样口到附近最高障碍物之间的水平距离，应为该障碍物与采样口高度差的两倍以上，或者从采样口到建筑物顶部与地平线的夹角小于30°。

10.6.2　现场采样注意事项

储油库、加油站排污单位厂界周边的环境空气现场采样主要参照《环境空气质量手工监测技术规范》（HJ 194—2017）和具体的监测指标采用的分析方法来确定现场采样方法、采样时间和采样频率。现场采样的主要方法有溶液吸收采样、吸附管采样、滤膜采样、滤膜-吸附剂联用采样和直接采样等，根据不同监测指标的分析方法来确定其采样方法。

溶液吸收采样时，采样前注意检查管路是否清洁，进行系统的气密性检查；采样前后流量误差应小于5%；采样时注意吸收管进气方向不要接反，防止倒吸；采样过程中有避光、温度控制等要求的项目按照相关监测方法标准执行，及时记录采样起止时间、流量、温度、压力等参数；采样结束后，需要避光、冷藏、低温保存的按照相关标准要求采取相应措施妥善保存，尽快送到实验室，并在有效期内完成分析；运输过程中避免样品受到撞击或剧烈振动而损坏；按照相关监测标准要求采集足够数量的全程序空白样品。

吸附管采样时，采样前进行系统的气密性检查；采样前后流量误差应小于 5%；采样过程中有避光、温度控制等要求的项目按照相关监测方法标准执行，及时记录采样起止时间、流量、温度、压力等参数；采样结束后，需要避光、冷藏、低温保存的按照相关标准要求采取相应措施妥善保存，尽快送到实验室，并在有效期内完成分析；运输过程中避免样品受到撞击或剧烈振动而损坏；按照相关监测标准要求采集足够数量的全程序空白样品。

滤膜采样时，采样前清洗切割器，保证切割器清洁；检查采样滤膜的材质、本底、均匀性、稳定性是否符合所采项目监测方法标准要求，滤膜边缘是否平滑，薄厚是否均匀，且无毛刺、无污染、无碎屑、无针孔、无折痕、无损坏；检查采样器的流量、温度、压力是否在误差允许范围内；采样结束后，用镊子轻轻夹住滤膜边缘，取下样品滤膜，并检查是否有破裂或滤膜上尘积面的边缘轮廓是否清晰、完整；采样前后流量误差应小于 5%；样品采集后，立即装盒（袋）密封，尽快送至实验室分析；运输过程中应避免剧烈振动，对于需要平放的滤膜，保持滤膜采集面向上。

第 11 章 监测质量保证与质量控制体系

监测质量保证与质量控制是提高监测数据质量的重要保障，是监测过程的重中之重，同时涉及监测过程各方面内容。本章立足现有经验，对污染源监测应关注的重点内容、质控要点进行梳理，提供了经验性的参考，但仍难以面面俱到。排污单位或社会化检测机构在开展污染源监测过程中，可参考本章内容，结合自身实际情况，制定切实有效的监测质量保证与质量控制方案，提高监测数据质量。

11.1 基本概念

监测质量保证和质量控制是环境监测过程中的两个重要概念。《环境监测质量管理技术导则》（HJ 630—2011）中的定义为：质量保证是指为了提供足够的信任表明实体能够满足质量要求，而在质量体系中实施并根据需要进行证实的全部有计划和有系统的活动。质量控制是指为了达到质量要求所采取的作业技术或活动。

采取质量保证的目的是获取他人对质量的信任，是为使他人确信某实体提供的数据、产品或者服务等能满足质量要求而实施的并根据需要进行证实的全部有计划、有系统的活动。质量控制则是通过监视质量形成过程，消除生产数据、产品或者提供服务的所有阶段中可能引起不合格或不满意效果的因素，使其达到质量要求而采用的各种作业技术和活动。

环境监测的质量保证与质量控制，是依靠系统的文件规定来实施的内部的技术和管理手段。它们既是生产出符合国家质量要求的检测数据的技术管理制度和活动，也是一种"证据"，即向任务委托方、环境管理机构和公众等表明该检测数据是在严格的质量管理中完成的，具有足够的管理和技术上的保证手段，数据是准确可信的。

11.2　质量体系

　　证明数据质量可靠性的技术管理制度与活动可能千差万别，但是也有其共同点。为了实现质量保证和质量控制的目的，往往需要建立一套能够保证有效运行的质量体系。它应覆盖环境检测活动所涉及的全部场所、所有环节，以使检测机构的质量管理工作程序化、文件化、制度化和规范化。

　　建立一个良好运行的质量体系，对于专业的向政府、企事业单位或者个人提供排污情况监测数据的社会化检测机构，按照《检验检测机构资质认定管理办法（2021 年修正版）》（质检总局令　第 163 号）、《检验检测机构资质认定能力评价　检验检测机构通用要求》（RB/T 214—2017）、《检验检测机构资质认定生态环境监测机构评审补充要求》（国市监检测〔2018〕245 号）的要求建立并运行质量体系是必要的。若检测实验室仅为排污单位内部提供数据，质量管理活动的目的则是为本单位管理层、环境管理机构和公众提供证据，证明数据准确可信，质量手册不是必需的，但有利于检测实验室数据质量得到保证的一些程序性规定和记录是必要的（如实验室具体分析工作的实施流程、数据质量相关的管理流程等的详细规定，具体方法或设备使用的指导性详细说明，数据生产过程和监督数据生产需使用的各种记录表格等）。

　　建立质量体系不等于需要通过资质认定。质量体系的繁简程度与检测实验室的规模、业务范围、服务对象等密切相关，有时还需要根据业务委托方的要求修改完善质量体系。质量体系一般包括质量手册、程序文件、作业指导书和记录。有效的质量控制体系应满足"对检测工作进行全面规范，且保证全过程留痕"的基本要求。

11.2.1 质量手册

质量手册是检测实验室质量体系运行的纲领性文件，阐明检测实验室的质量目标，描述检测实验室全部检测质量活动的要素，规定检测质量活动相关人员的责任、权限和相互之间的关系，明确质量手册的使用、修改和控制的规定等。质量手册应包括批准页、自我声明、授权书、检测实验室概述、检测质量目标、组织机构、检测人员、设施和环境、仪器设备和标准物质，以及检测实验室为保证数据质量所作的一系列规定等。

（1）批准页：批准页的主要内容是说明编制质量体系的目的以及质量手册的内容，并由最高管理者批准实施。

（2）自我声明：检测实验室关于独立承担法律责任、遵守《中华人民共和国计量法》和监测技术标准规范等相关法律法规、客观出具数据等的承诺。

（3）授权书：检测实验室有多种情形需要授权，包括但不仅限于在最高管理者外出期间，授权给其他人员代为行使职权；最高管理者授权人员担任质量负责人、技术负责人等关键岗位；授权检测实验室的大型贵重仪器的人员使用等。

（4）检测实验室概述：简要介绍检测实验室的地理位置、人员构成、设备配置概况、隶属关系等基本信息。

（5）检测质量目标：检测质量目标即定量描述检测工作所达到的质量。

（6）组织结构：明确检测实验室与检测工作相关的外部管理机构的关系，与本单位其他部门的关系，完成检测任务相关部门之间的工作关系等，通常以组织结构框图的方式表明。与检测任务相关的各部门的职责应予以明确和细化。例如，可规定检测质量管理部门应当具有下列职责：

①牵头制订检测质量管理年度计划、监督实施，并编制质量管理年度总结。

②负责组织质量管理体系建设、运行管理，包括质量体系文件编制、宣贯、修订、内部审核、管理评审、质量督查、检测报告抽查、实验室和现场监督检查、

质量保证和质量控制等工作。

③负责组织人员开展内部持证上岗考核相关工作。

④负责组织参加外部机构组织的能力验证、能力考核、比对抽测等各项考核工作。

⑤负责组织仪器设备检定/校准工作，包括编制检定/校准计划、组织实施和确认。

⑥负责标准物质管理工作，包括建立标准物质清册，管理标准物质样品库，标准样品的验收、入库、建档及期间核查等。

（7）检测人员：包括检测岗位划分和检测人员管理两部分内容。

检测岗位划分是指检测实验室将检测相关工作分为若干具体的检测工序，并明确各检测工序的职责。以检测实验室为例，岗位划分可描述为质量负责人、技术负责人、报告签发人、采样岗位、分析岗位、质量监督人、档案管理人等。可以由同一个人兼任不同的岗位，也可以专职从事某一个岗位。但报告编制、审核和签发应由三个不同的人员承担，不能由一人兼任其中的两个及以上职责。

检测人员管理则规定从事采样、分析等检测相关工作的人员应接受的教育和培训、应掌握的技能、应履行的职责等。以分析岗位为例，人员管理可描述为以下几个方面：

①分析人员必须经过培训，熟练掌握与本人承担分析项目有关的标准监测方法或技术规范及有关法规，且具备对检验检测结果作出评价的判断能力，经内部考核合格后持证上岗。

②熟练掌握所用分析仪器设备的基本原理、技术性能，以及仪器校准、调试、维护和常见故障的排除技术。

③熟悉并遵守质量手册的规定，严格按监测标准、规范或作业指导书开展监测分析工作，熟悉记录的控制与管理程序，按时完成任务，保证监测数据准确、可靠。

④认真做好样品分析前的各项准备工作，分析样品的交接工作以及样品分析

工作，确保按业务通知单或监测方案要求完成样品分析。

⑤分析人员必须确保选用的分析方法现行有效、分析依据正确。

⑥负责所使用仪器设备的日常维护、使用和期间核查，编制/修订其操作规程、维护规程、期间核查规程和自校规程，并在计量检定/校准有效期内使用。负责做好使用、维护和期间核查记录。

⑦确保分析质控措施和质控结果符合有关监测标准或技术规范及相关规定的要求。

⑧当分析仪器设备、分析环境条件或被测样品不符合监测技术标准或技术规范要求时，监测分析人员有权暂停工作，并及时向上级报告。

⑨认真做好分析原始记录并签字，要求字迹清楚、内容完整、编号无误。

⑩分析人员对分析数据的准确性和真实性负责。

⑪校对上级安排的其他检测人员的分析原始记录。

检测实验室建立人员配备情况一览表（表 11-1），有助于提高人员管理效率。

表 11-1　检测人员一览表（样表）

序号	姓名	性别	出生年月	文化程度	职务/职称	所学专业	从事本技术领域年限	所在岗位	持证项目情况	备注
1	张三	男	1988年8月	本科	工程师	分析化学	5年	分析岗	水和废水：化学需氧量、氨氮	质量负责人
...										

（8）设施和环境：检测实验室的设施和环境条件是指检测实验室配备必要的设施硬件，并建立制度保证监测工作环境适应监测工作需求。检测实验室的设施通常包括空调、除湿机、干湿度温度计、通风橱、纯水机、冷藏柜、超声波清洗仪、电子恒温恒湿箱、灭火器等检测辅助设备。至少应明确以下规定：

①防止交叉污染的规定。例如，规定检测区域应有明显标识；严格控制进入和使用影响检测质量的实验区域；对相互有影响的活动区域进行有效隔离，防止交叉污染。比较典型的交叉污染例子有：挥发酚项目的检测分析会对在同一实验

室进行的氨氮检测分析造成交叉污染的影响；在分析总砷、总铅、总汞、总镉等项目时，如果不同的样品间浓度差异较大，规定高、低浓度的采样瓶和分析器皿分别用专用酸槽浸泡洗涤，以免交叉污染。必要时，用优级纯酸稀释后浸泡超低浓度样品所用器皿等。

②对可能影响检测结果质量的环境条件，规定检测人员进行监控和记录，保证其符合相关技术要求。例如，万分之一以上精度的电子天平正常工作对环境温度、湿度有控制要求，检测实验室应有监控设施，并有记录表格记录环境条件。

③规定有效控制危害人员安全和人体健康的潜在因素。例如，配备通风橱、消防器材等必要的防护和处置措施。

④对化学品、废弃物、火、电、气和高空作业等安全相关因素作出规定等。

（9）仪器设备和标准物质：检测用仪器设备和标准物质是保障检测数据量值溯源的关键载体。检测实验室应配备满足检测方法规定的原理、技术性能要求的设备，应对仪器设备的购置、使用、标识、维护、停用、租借等管理作出明确规定，保证仪器设备得到合理配置、正确使用和妥善维护，提高检测数据的准确可靠性。例如，对于设备的配备可规定：

①根据检测项目和工作量的需要及相关技术规范的要求，合理配备采样、样品制备、样品测试、数据处理和维持环境条件所要求的所有仪器设备种类和数量，并对仪器技术性能进行科学的分析评价和确认。

②如果需要借用外单位的仪器设备，必须严格按照本单位仪器设备的管理进行有效控制。建立仪器设备配备情况一览表，有助于提高设备管理效率，仪器设备配备情况见表 11-2。

此外，应根据检测项目开展情况配备标准物质，并做好标准物质管理。配备的标准物质应该是有证标准物质，保证标准物质在其证书规定的保存条件下贮存，建立标准物质台账，记录标准物质名称、购买时间、购买数量、领用人、领用时间和领用量等信息。

表 11-2　仪器设备配备情况一览表（样表）

序号	设备名称	设备型号	出厂编号	检定/校准方式	检定/校准周期	仪器摆放位置
1	电子天平	TE212 L	####	检定	1 年	205 室
...						

（10）其他：为保证建立的质量管理体系覆盖检测的各个方面、环节及所有场所，且能持续有效地指导实施质量管理活动，还应对以下质量管理活动作出原则性的规定：

①质量体系在哪些情形下，由谁提出、谁批准同意修改等。

②如何正确使用管理质量体系各类管理和技术文件，即如何处理各种文件，如何编制、审批、发放、修改、收回、标识、存档或销毁等。

③如何购买对监测质量有影响的服务（如委托有资质的机构检定仪器即为购买服务），以及如何购买、验收和存储设备、试剂、消耗材料。

④检测工作中出现的与相关规定不符的事项，应如何采取措施。

⑤质量管理、实际样品检测等工作中相关记录的格式模板应如何编制，以及实际工作过程中如何填写、更改、收集、存档和处置记录。

⑥如何定期组织单位内部熟悉检测质量管理相关规定的人员，对相关规定的执行情况进行内部审核。

⑦管理层如何就内部审核或者日常检测工作中发现的相关问题，定期研究解决。

⑧检测工作中，如何选用、证实/确认检测方法。

⑨如何对现场检测、样品采集、运输、贮存、接收、流转、分析、监测报告编制与签发等检测工作全过程的各个环节采取有效的质量控制措施，以保证监测工作质量。

⑩如何编制监测报告格式模板，实际检测工作中如何编写、校核、审核、修改和签发检测报告等。

11.2.2　程序文件

程序文件是规定质量活动方法和要求的文件，是质量手册的支持性文件，主要目的是对产生检测数据的各个环节、各个影响因素和各项工作作出全面规范。包括人员、设备、试剂、耗材、标准物质、检测方法、设施和环境、记录和数据录入发布等各关键因素，明确详细地规定某一项与检测相关的工作，执行人员是谁、经过什么环节、留下哪些记录，以实现在高效地完成工作的同时保证数据质量。

编写程序文件时，应明确每个程序的控制目的、适用范围、职责分配、活动过程规定和相关质量技术要求，从而使程序文件具有可操作性。例如，制定检测工作程序，对检测任务的下达、检测方案的制定、采样器皿和试剂的准备、样品采集和现场检测、实验室内样品分析，以及测试原始记录的填写等诸多环节，规定分别由谁来实施以及实施过程中应该填写哪些记录，以保证工作有序开展。

档案管理也是一项涉及较多环节的工作，涉及档案产生后的暂存、收集、交接、保管和借阅查询使用等一系列环节，在各个细节又需要保证档案的完整性，因此制定一个档案管理程序就显得比较重要了。这个程序可以规定档案产生人员如何暂存档案、暂存的时限多长、档案收集由谁来负责、交给档案收集人员时应履行的手续、档案集中后由谁来负责建立编号、档案如何保存、借阅查阅时应履行的手续等。

又如，检测方案的制定，方案制定人员需要弄清楚的文件有环评报告中的监测章节内容、生态环境部门作出的环评批复、执行的排放标准，许可证管理的相关要求，行业涉及的自行监测指南等。在明确管理要求后所制定的检测方案，宜请熟悉环境管理、环境监测、生产工艺和治理工艺的专业人员对方案进行审核把关，既有利于保证检测内容和频次等满足管理要求，又可以避免不必要的人力、物力浪费。

一般来说，检测实验室需制定的程序性规定应包括人员培训程序、检测工作程序、设备管理程序、标准物质管理程序、档案管理程序、质量管理程序、服务和供应品的采购和管理程序、内务和安全管理程序、记录控制与管理程序等。

11.2.3　作业指导书

作业指导书是指特定岗位工作或活动应达到的要求和遵循的方法。对于下列情形往往需要检测机构制定作业指导书：

（1）标准检测方法中规定可采取等效措施，而检测机构又的确采取了等效措施。

（2）使用非母语的检测方法。

（3）操作步骤复杂的设备。

作业指导书应写得尽可能具体，且语言简洁、不产生歧义，以保证各项操作的可重复。

11.2.4　记录

记录包括质量记录和技术记录。质量记录是质量体系活动产生的记录，如内审记录、质量监督记录等；技术记录是各项监测工作所产生的记录，如《pH 分析原始记录表》《废水流量监测记录（流速仪法）》。记录是保证从检测方案的制定开始，到样品采集、样品运输和保存、样品分析、数据计算、报告编制、数据发布的各个环节留下关键信息的凭证，证明数据生产过程满足技术标准和规范要求的基础。检测实验室的记录既要简洁易懂，也要有足够的信息量让检测工作重现。这就要求记录人员认真学习国家的相关法律法规等管理规定和技术标准规范，把握必须记录备查的关键信息，在设计记录表格样式时予以考虑。如对于样品采集，除采样时间、地点、人员等基础信息外，还应包括检测项目、样品表观（定性描述颜色、悬浮物含量）、样品气味、保存剂的添加情况等信息。对于具体的某一项污染物的分析，需记录分析方法名称及代码、分析时间、分析仪器的名称型号、标准/校准曲线的信息、取样量、样品前处理情况、样品测试的信号值、计算公式、计算结果以及质控样品分析的结果等。

11.3　自行监测质控要点

自行监测的质量控制，既要考虑人员、设备、监测方法、试剂耗材等关键因素，也要重视设施环境等影响因素。每一项检测任务都应有足够证据表明其数据质量可信，在制定该项检测任务实施方案的同时，制定一个质控方案，或者在实施方案中有质量控制的专门章节，明确该项工作应有针对性地采取哪些措施来保证数据质量。在自行监测工作中，监测方案应包含自行监测点位、项目和频次，采样、制样和分析执行哪些技术规范等信息，并通过生态环境部门审查；在日常监测工作中，需要落实负责现场监测和采样、制样和分析样品、报告编制工作的具体人员，以及应采取的质控措施。应采取的质控措施可以是一个专门的方案，规定承担采样、制样和分析样品的人员应该具有的技能（如经过适当的培训后持有上岗证），各环节的执行人员应该落实哪些措施来自证所开展工作的质量，质量控制人员应该如何查证各环节执行人员工作的有效性等。通常来说，质控方案就是保证数据质量所需要满足的人员、设备、监测方法、试剂耗材和环境设施等的共性要求。

11.3.1　人员

人员技能水平是自行监测质量的决定性因素，因此检测机构制定的规章制度性文件中，要明确规定不同岗位人员应具有的技术能力。例如，应该具有的教育背景、工作经历、胜任该工作应接受的再教育培训，并以考核方式确认是否具有胜任岗位的技能。对于人员适岗的再教育培训，如掌握行业相关的政策法规、标准方法、操作技能等，由检测机构内部组织或者参加外部培训均可。适岗技能考核确认的方式也是多样化的，如笔试、提问、操作演示、实样测试、盲样考核等。无论采用哪种培训、考核方式，均应有记录来证实工作过程。例如，内部培训应至少包括培训教材、培训签到表，外部培训有会议通知、培训考核结果证明材料等。需注意对于口头提问和操作演示等考核方式也应有记录。例如，口头提问的记录信息至少包括考核者姓名、提问内容、被考核者姓名、回答要点，以及对于考核结果的评价；操作演示考核的记录信息至少包括考核者姓名、要求考核演示的内容、被考核者姓名、演示情况的概述以及评价结论。在具体执行过程中，切忌人员技能培训"走过场"，杜绝出现徒有各种培训考核记录，但人员技能依然不高的窘境。例如，在某厂自行监测厂界噪声的原始记录中，背景值仅为 30 dB（A），暴露出监测人员对仪器性能和环境噪声缺乏基本的认知。

11.3.2 仪器设备

监测设备是决定数据质量的另一个关键因素。自 2015 年 1 月 1 日起施行的《中华人民共和国环境保护法》第十七条明确规定：监测机构应当使用符合国家标准的监测设备，遵守监测规范。所谓符合国家标准，首先，应根据排放标准规定的监测方法选用监测设备，也就是仪器的测定原理、检测范围、测定精密度、准确度以及稳定性等满足方法的要求；其次，设备应根据国家计量的相关要求和仪器性能情况确定检定/校准，列入《中华人民共和国强制检定的工作计量器具目录》或有检定规程的仪器应送有资质的单位进行检定，如烟尘监测仪、天平、砝码、烟气采样器、大气采样器、pH 计、分光光度计、声级计、压力表等。属于非强制检定的仪器与设备可以送有资质的计量检定机构进行校准，无法送去检定或者送去校准的仪器设备，应由仪器使用单位自行溯源，即自己制定校准规范，对部分计量性能或参数进行检测，以确认仪器性能准确、可靠。

对于投入使用的仪器，要确保其得到规范使用。应明确规定如何使用、维护、维修和性能确认仪器设备。例如，编写仪器设备操作规程（仪器操作说明书）和维护规程（仪器维护说明书），以保证使用人员能够正确使用和维护仪器。与采样和监测结果的准确性和有效性相关的仪器设备，在投入使用前，必须进行量值溯源，即用前述的检定/校准或者自校手段确认仪器性能。对于送到有资质的检定或者校准单位的仪器，收到设备的检定或者校准证书后，应查看检定/校准单位实施的检定/校准内容是否符合实际的检测工作要求。例如，配备有多个传感器的仪器，检测工作需要使用的传感器是否都得到了检定；对于有多个量程的仪器，其检定或者校准范围是否满足日常工作需求。对于仪器的检定/校准或者自校，并不是一劳永逸的，应根据国家的检定/校准规程或者使用说明书要求，定期实施检定/校准或者自校，保持仪器在检定/校准或者自校有效期内使用，且每次监测前，都要使用分析标准溶液、标准气体等方式确认仪器量值，在证实其量值持续符合相应技术要求后使用。如定电位电解法规定烟气中二氧化硫、氮氧化物，每次测量前必须用标气进行校准，示值误差≤±5%方可使用。此外，应规定仪器设备的唯一性标识、状态标识，避免误用。仪器设备的唯一性标识既可以是仪器的出厂编码，也可以是检测单位按自行制定的规则编写的代码。

仪器的相关记录应妥善保存。建议给检测仪器建立一仪一档。档案的目录包括仪器说明书、仪器验收技术报告、仪器的检定/校准证书或者自校原始记录和报告、仪器的使用日志、维护记录、维修记录等，建议这些档案一年归一次档，以免遗失。应特别注意及时、如实填写仪器使用日志，切忌事后补记，否则不实的仪器使用记录会影响数据真实性的判断。比较常见的明显与事实不符的记录有：同一台现场检测仪器在同一时间，出现在相距几百千米的两个不同检测任务中；仪器使用日志中记录的分析样品量远大于该仪器最大日分析能力等，这种记录会让检查人员对数据的真实性打上巨大的问号。应建立制度规范，明确在必须对原始记录修改时应如何修改，避免原始记录被误改。

11.3.3　记录

规范使用监测方法，优先使用被检测对象适用的污染物排放标准中规定的监测方法。若有新发布的标准方法替代排放标准中指定的监测方法，应采用新标准。若新发布的监测方法与排放标准指定的方法不同，但适用范围相同的，也可使用。例如，《固定污染源废气　氮氧化物的测定　非分散红外吸收法 》（HJ 692—2014）、《固定污染源废气　氮氧化物的测定　定电位电解法》（HJ 693—2014）的适用范围明确为"固定污染源废气"，因此两项方法均适用于火电厂废气中氮氧化物的监测。

正确使用监测方法。污染源排放情况监测所使用的方法包括国家标准方法和国务院行业部门以文件、技术规范等形式发布的标准方法，特殊情况下也会用等效的分析方法。为此，检测机构或者实验室往往需要根据方法的来源确定应实施方法验证还是方法确认，其中方法验证适用于国家标准方法和国务院行业部门以文件、技术规范等形式发布的方法，方法确认适用于等效分析方法。为实现正确使用监测方法，检测机构仅实施方法验证是不够的，还需要检测机构要求使用该监测方法的每个人用该方法获得的检出限、空白、回收率、精密度、准确度等各项指标均满足方法性能的要求，方可认为检测人员掌握了该方法，为正确使用监测方法奠定了基础。当然，并非每次检测工作中均需要对方法进行验证。一般认为，初次使用标准方法前，应验证能够正确运用标准方法；若标准方法发生变化，应重新予以验证。

通常而言，方法验证至少应包括以下 6 个方面的内容：

（1）人员：人员的技能是否及时更新、满足方法要求；人员数量是否满足工作要求。

（2）设备：设备性能是否满足方法要求；是否需要添置前处理设备等辅助设备；设备数量是否满足要求。

（3）试剂耗材：方法对试剂种类、纯度等的要求；数量是否满足；是否建立了购买使用台账。

（4）环境设施条件：方法及其所用设备是否对温度、湿度有控制要求；这些环境条件是否得到监控。

（5）方法技术指标：使用日常工作所用的标准和试剂作为方法的技术指标，如校准曲线、检出限、空白、回收率、精密度、准确度等，是否均达到了方法要求。

（6）技术记录：日常检测工作须填写的原始记录格式是否包含了足够的关键信息。

11.3.4 试剂耗材

规范使用标准物质，包括以下注意事项：

（1）应优先考虑使用国家批准的有证标准样品，以保证量值的准确性、可比性与溯源性。

（2）选用的标准样品与预期检测分析的样品，尽可能在基体、形态、浓度水平等性状方面接近。其中，基体匹配是需要重点考虑的因素，因为只有使用与被测样品基体相匹配的标准样品，在解释实验结果时才很少或没有困难。

（3）应特别注意标准样品证书中所规定的取样量与取样方法。证书中规定的固体最小取样量、液体稀释办法等是测量结果准确性和可信度的重要影响因素，宜严格遵守。

（4）应妥善贮存标准样品，并建立标准样品使用情况记录台账。有些标准样品有特殊的储存条件要求，应根据标准样品证书规定的储存条件保存标准样品，并在标准样品的有效期内使用，否则可能会影响标准样品量值的准确性。

严格按照方法要求购买和使用试剂/耗材。每种方法都规定了试剂的纯度，需要注意的是，市售的与方法要求的纯度一致的试剂，不一定能满足方法的使用要求，对数据结果有影响的试剂、新购品牌或者产品批次不一致时，在正式用于样品分析前应进行空白样品实验，以验证试剂质量是否满足工作需求。对于试剂纯度不满足方法需求的情形，应购买更高纯度的试剂或者由分析人员自行净化。比较典型的案例是分析水中苯系物的二硫化碳，市售分析纯二硫化碳往往需要实验室自行重蒸，或者购买优级纯的二硫化碳才能满足方法对空白样品的要求。与此类似的还有分析重金属的盐酸、硝酸等，采用分析纯的酸往往会导致较高的空白和背景值，建议筛选品质可靠的优级纯酸。

牢记试剂/耗材有使用寿命。对于试剂，尤其是已经配制好的试剂，应注意遵守检测方法中对试剂有效期的规定。若没有特殊规定，建议参考执行《化学试剂　标准滴定溶液的制备》（GB/T 601—2002）中关于标准滴定溶液有效期的规定，即常温（15～25℃）下保存时间不超过 2 个月。应特别注意表观不会被磨损类耗材的质保期，如定电位电解法的传感器、pH 计的电极等，这些仪器的说明书中明确规定了传感器或者电极的使用次数或者最长使用寿命，应严格遵守，以保证量值的准确性。

11.3.5 数据处理

数据的计算和报出也可能会发生失误，应高度重视。以火电厂排放标准为例，排放标准根据热能转化设施类型的不同，规定了不同的基准氧含量，实测的火电厂烟尘、二氧化硫、氮氧化物和汞及其化合物排放浓度，须折算为基准氧含量下的排放浓度，若忽略了此要求，将现场测试所得结果直接报出，必然导致较大偏差。对于废水检测，须留意在样品稀释后检测时，稀释倍数是否纳入了计算。已经完成的测定结果，还应注意计量单位是否正确，最好有熟悉该项目的工作人员校核，各项目结果汇总后，由专人进行数据审核后发出。录入计算机或信息平台时，注意检查是否有小数点输入的错误。

完备的质量控制体系运行离不开有效的质量监督。检测机构或者实验室应设置覆盖其检测能力范围的监督员，这些监督员可以是专职的，也可以是兼职的。但无论哪种情形，监督员都应该熟悉检测程序和方法，并能够评价检测结果，发现可能的异常情况。为了使质量监督达到预期效果，最好在年初就制订监督计划，明确监督人、被监督对象、被监督的内容、被监督的频次等。通常情况下，新进上岗人员、使用新分析方法或者新设备，以及生产治理工艺发生变化的初期等实施的污染排放情况检测应受到有效监督。监督的情况应以记录的形式予以妥善保存。此外，检测机构或者实验室应定期总结监督情况，编写监督报告，以保证质量体系中的各标准、规范和质量措施等切实得到落实。

第 12 章　信息记录与报告

　　监测信息记录和报告是相关法律法规的要求，也是排污许可制度实施的重要内容，是排污单位必须开展的工作。信息记录和报告的目的是将排污单位与监测相关的内容记录下来，供管理部门和排污单位使用，同时定期按要求进行信息报告，以说明环境守法状况，同时为社会公众监督提供依据。本章围绕储油库、加油站应开展的信息记录和报告的内容进行说明，为储油库、加油站排污单位提供参考。

12.1　信息记录的目的与意义

　　说清污染物排放状况，自证是否正常运行污染治理设施、是否依法排污是法律赋予排污单位的权利和义务。自证守法，首先要有可以作为证据的相关资料，信息记录就是要将所有可以作为证据的信息保留下来，在需要的时候有据可查。具体来说，信息记录的目的和意义体现在以下几个方面。

　　首先，便于监测结果溯源。监测的环节很多，任何一个环节出现问题，都可能造成监测结果的错误。通过信息记录，将监测过程中的重要环节的原始信息记录下来，一旦发现监测结果存在可疑之处，就可以通过查阅相关记录，检查哪个环节出现了问题。对于不影响监测结果的问题，可以通过追溯监测过程进行校正，从而获得正确的结果。

其次，便于规范监测过程。认真记录各监测环节的信息，便于规范监测活动，避免由于个别时候的疏忽而遗忘个别程序，从而影响监测结果。通过对记录信息的分析，也可以发现影响监测过程的一些关键因素，这也有利于监测过程的改进。

再次，可以实现信息间的相互校验。记录各种过程信息，可以更好地反映排污单位的生产、污染治理、排放状况，便于建立监测信息与生产、污染治理等相关信息的逻辑关系，从而为实现信息间的互相校验、加强数据间的质量控制提供基础。通过记录各类信息，可以形成排污单位生产、污染治理、排放等全链条的证据链，避免单方面信息不足以说明排污状况。

最后，丰富基础信息，利于科学研究。排污单位生产、污染治理、排放过程中的一系列过程信息，对研究排污单位污染治理和排放特征具有重要意义。监测信息记录极大地丰富了污染源排放和治理的基础信息，这为开展科学研究提供了大量基础信息。基于这些基础信息，利用大数据分析方法，可以更好地探索污染排放和治理的规律，为科学制定相关技术要求奠定良好基础。

12.2 信息记录的要求和内容

12.2.1 信息记录要求

信息记录是一项具体而琐碎的工作，做好信息记录对于排污单位和管理部门很重要。一般来说，信息记录应符合以下要求。

首先，信息记录的目的在于真实反映排污单位生产、污染治理、排放、监测的实际情况，因此，信息记录不需要专门针对需要记录的内容进行额外整理，只要保证所要求的记录内容便于查阅即可。为了便于查阅，排污单位应尽可能根据一般逻辑习惯整理成为台账保存。保存方式可以为电子台账，也可以为纸质台账，以便于查阅为原则。

其次，信息记录的内容不限于标准规范中要求的内容，其他排污单位认为有利于说清楚本单位排污状况的相关信息，也可以予以记录。考虑排污单位污染排放的复杂性，影响排放的因素有很多，而排污单位最了解哪些因素会影响排污状况，因此，排污单位应根据本单位的实际情况，梳理本单位应记录的具体信息，丰富台账资料的内容，从而更好地建立生产、治理、排放的逻辑关系。

12.2.2　信息记录内容

12.2.2.1　手工监测记录

采用手工监测的指标，至少应记录以下内容：

（1）采样相关记录，包括采样日期、采样时间、采样点位、混合取样的样品数量、采样器名称、采样人姓名等。

（2）样品保存和交接相关记录，包括样品保存方式、样品传输交接记录。

（3）样品分析相关记录，包括分析日期、样品处理方式、分析方法、质控措施、分析结果、分析人姓名等。

（4）质控相关记录，包括质控结果报告单等。

12.2.2.2　自动监测运维记录

自动监测的正确运行需要定期进行校准、校验和日常运行维护，校准、校验和日常运行维护开展情况直接决定了自动监测设备是否能够稳定正常运行，而通过检查运维公司对自动监测设备的运行维护记录，可以对自动监测设备日常运行状态进行初步判断。因此，排污单位或者负责运行维护的公司要如实记录对自动监测设备的运行维护情况，具体包括自动监测系统运行状况、系统辅助设备运行状况、系统校准、校验工作等，仪器说明书及相关标准规范中规定的其他检查项目，校准、维护保养、维修记录等。

12.2.2.3　生产和污染治理设施运行状况

首先，污染物排放状况与排污单位生产和污染治理设施运行状况密切相关，记录生产和污染治理设施运行状况有利于更好地说清楚污染物排放状况。

其次，考虑受监测能力的限制，无法做到全面连续监测，记录生产和污染治理设施运行状况可以辅助说明未监测时段的排放状况，同时可以对监测数据是否具有代表性进行判断。

最后，由于监测结果可能受到仪器设备、监测方法等各种因素的影响，从而造成监测结果的不确定性，记录生产和污染治理设施运行状况，通过不同时段监测信息和其他信息的对比分析，可以对监测结果的准确性进行总体判断。

对于生产和污染治理设施运行状况，主要记录内容包括监测期间企业及各主要生产设施（至少涵盖废气主要污染源相关生产设施）运行状况（包括停机、启动情况）、产品产量、主要原辅料使用量、取水量、主要燃料消耗量、燃料主要成分、污染治理设施主要运行状态参数、污染治理主要药剂消耗情况等。日常生产中上述信息也需整理成台账保存备查。

12.2.2.4　工业固体废物（危险废物）产生与处理状况

工业固体废物（危险废物）作为重要的环境管理要素，排污单位应对一般工业固体废物和危险废物的产生、处理情况进行记录，同时一般工业固体废物和危险废物信息也可以作为废水、废气污染物产生排放的辅助信息。关于一般工业固体废物和危险废物的记录内容包括各类一般工业固体废物和危险废物的产生量、综合利用量、处置量、贮存量，危险废物还应详细记录其具体去向。

12.3　生产和污染治理设施运行状况

排污单位应详细记录企业以下生产及污染治理设施运行状况，日常生产中应参照以下有关内容记录相关信息，并整理成台账保存备查。

12.3.1 生产运行状况记录

（1）储油库

储油库应记录挥发性有机液体储存和挥发性有机液体装载运行参数。

储罐运行状态：按照排污单位生产班次记录，每班次记录 1 次。储罐发油量：按照一个收油周期进行记录，周期小于 1 天的按照 1 天记录。装载设施运行状态：按照排污单位装载次数记录，每个装载周期内记录 1 次。

（2）加油站

加油站记录内容应包括加油过程中的油品种类和销售量等，以及卸油过程的卸油时间、油品种类、油品来源、卸油方式、卸油量等。每季度记录 1 次。

12.3.2 废水污染治理设施运行状况记录

储油库应按照设施类别分别记录设施的实际运行相关参数和运维记录。其中，废水处理设施应记录每日进水水量、出水水量、药剂名称及使用量、投放频次、电耗、污泥产生量等。污染治理设施运维记录，包括设施是否正常运行、故障原因、维护过程、检查人、检查日期及班次等。

污染治理设施运行：按照班次记录，每班记录 1 次。药剂添加情况：采用批次投放方式的，按照投放批次记录，每投放批次记录 1 次；采用连续加药方式的，每班次记录 1 次。其他信息记录频次按照实际情况或工况进行记录。

12.3.3 废气污染治理设施运行状况记录

（1）储油库

储油库应按照设施类别分别记录设施的实际运行相关参数和运维记录。其中，有组织废气治理设施记录运行时间、运行参数等。无组织废气排放控制记录措施执行情况，包括储罐、动/静密封点以及装卸的维护、保养、检查等运行管理情况。

废气无组织排放控制：按月记录，1 次/月。其他信息记录频次按照实际情况或工况进行记录。

（2）加油站

加油站应按照设施类别分别记录设施的实际运行相关参数和运维记录。其中，有组织废气治理设施记录运行时间、运行参数等。无组织废气排放控制记录措施执行情况，包括储罐、加油枪的维护、保养、检查等运行管理情况及放空阀开关情况。

每季度记录 1 次。若设施出现异常情况，按照工况期记录，1 次/工况期。

12.3.4　噪声污染治理设施运行状况记录

记录噪声污染治理设施日常巡检、故障及维护或更换情况等。

12.4　工业固体废物产生和处理情况

记录一般工业固体废物和危险废物的产生量、综合利用量、处置量、贮存量，危险废物还应详细记录其具体去向，原料或辅助工序中产生的其他危险废物的情况也应进行记录。

危险废物应严格执行危险废物相关管理记录与报告要求。根据生态环境部《关于推进危险废物环境管理信息化有关工作的通知》（环办固体函〔2020〕733 号）和《关于进一步推进危险废物环境管理信息化有关工作的通知》（环办固体函〔2022〕230 号）的要求，排污单位应强化主体责任意识，危险废物产生单位应按照国家有关规定通过"全国固体废物管理信息系统"定期申报危险废物的种类、产生量、流向、贮存、处置等有关资料；危险废物转移单位，应当通过国家固体废物信息系统填写、运行危险废物电子转移联单；危险废物处置单位应按照国家有关规定通过国家固体废物信息系统如实报告危险废物利用处置情况。

对于委托外单位处置利用一般工业固体废物或者危险废物的，以及接收外单位一般工业固体废物或者危险废物的，应详细记录固体废物处理处置情况。对于自行综合利用、自行处置一般工业固体废物和危险废物的，还应当对本单位所拥有的处置场、焚烧装置等综合利用和处置设施及运行情况进行记录。

按照《排污许可证申请与核发技术规范　工业固体废物（试行）》（HJ 1200—2021）记录工业固体废物相关信息。可能产生的危险废物按照《国家危险废物名录》或危险废物鉴别标准和鉴别方法认定。

12.5　信息报告及信息公开

12.5.1　信息报告要求

为了使排污单位更好地掌握本单位实际排污状况，也便于更好地对公众说明本单位的排污状况和监测情况，排污单位应编写自行监测年度报告，年度报告至少应包含以下内容：

（1）监测方案的调整变化情况及变更原因。

（2）企业及各主要生产设施（至少涵盖废气主要污染源相关生产设施）全年运行天数，各监测点、各监测指标全年监测次数、超标情况、浓度分布情况。

（3）按要求开展的周边环境质量影响状况监测结果。

（4）自行监测开展的其他情况说明。

（5）排污单位实现达标排放所采取的主要措施。

自行监测年报不限于以上信息，任何有利于说明本单位自行监测情况和排放状况的信息，都可以写入自行监测年报中。另外，对于领取了排污许可证的排污单位，按照排污许可证管理要求，每年应提交年度执行报告，其中自行监测情况属于年度执行报告中的重要组成部分，排污单位可以将自行监测年报作为年度执行报告的一部分一并提交。

12.5.2 应急报告要求

由于排污单位非正常排放会对环境或者污水处理设施产生影响，因此，对于监测结果出现超标的，排污单位应加密监测，并检查超标原因。短期内无法实现稳定达标排放的，应向生态环境主管部门提交事故分析报告，说明事故发生的原因，采取减轻或防止污染的措施，以及今后的预防及改进措施等；若因发生事故或者其他突发事件，排放的污水可能危及城镇排水与污水处理设施安全运行的，应当立即采取措施消除危害，并及时向城镇排水主管部门和生态环境主管部门等有关部门报告。

12.5.3 信息公开要求

排污单位应根据排污许可证、《企业环境信息依法披露管理办法》（生态环境部令 第 24 号）及《国家重点监控企业自行监测及信息公开办法（试行）》（环发〔2013〕81 号）进行信息公开，但不仅限于此，排污单位还可以采取其他便于公众获取的方式进行信息公开。

信息公开应重点考虑两类群体的信息需求。一是排污单位周围居民的信息需求，周边居民是污染排放的直接被影响对象，最关心污染物排放状况对自身及环境的影响，因此对污染物排放状况及周边环境质量状况有强烈的需求。二是排污单位同类行业或者其他相关者的信息需求，同一行业不同排污单位之间存在一定的竞争关系，希望在污染治理上得到相对公平的待遇，因此会格外关心同行的排放状况，对同行业其他排污单位的排放状况信息有同行监督需求。

为了照顾这两类群体的信息需求，信息公开的方式应该便于这两大类群体获取。排污单位可以通过在厂区外或当地媒体上发布监测信息，使周边居民及时了解排污单位的排放状况，这类信息公开相对灵活，便于周边居民获取信息。而为了实现同行监督和一些公益组织的监督，也为了便于政府监督，有组织的信息公开方式更有效率。

　　目前，生态环境部通过"排污许可证信息管理平台"开展排污许可证申请、核发及排污许可证执行情况管理与信息公开，排污单位在平台上填报自行监测信息后可实现统一公开。

第 13 章　自行监测手工数据报送

为了方便排污单位信息报送和管理部门收集相关信息，受生态环境部生态环境监测司委托，中国环境监测总站组织开发了"全国污染源监测数据管理与共享系统"。为落实《排污许可管理条例》第二十三条信息公开的有关规定，全国污染源监测数据管理与共享系统和全国排污许可证管理信息平台实现了互联互通，排污单位登录全国排污许可证管理信息平台，通过"监测记录"模块跳转至全国污染源监测数据管理与共享系统填报自行监测手工数据结果。自行监测手工数据填报完成后，在全国排污许可证管理信息平台查看自行监测手工数据信息公开内容。

13.1　自行监测手工数据报送系统总体架构设计

根据《关于印发 2015 年中央本级环境监测能力建设项目建设方案的通知》（环办函〔2015〕1596 号），中国环境监测总站负责建设"全国污染源监测数据管理与共享系统"，面向企业用户、环保用户、委托机构用户、系统管理用户 4 类用户，针对各自不同业务需求，系统提供数据采集、排放标准管理、监测业务管理、数据查询处理与分析、决策支持、数据采集移动终端版、自行监测知识库、个人工作台、统一应用支撑、数据交换等功能。

另外，面向其他污染源监测信息采集系统（包括部级建设的固定污染源系统、全国排污许可证管理信息平台、各省级行政区重点污染源监测系统）使用数据交换平台进行数据交换，减少企业重复填报。

系统总体架构如图 13-1 所示。

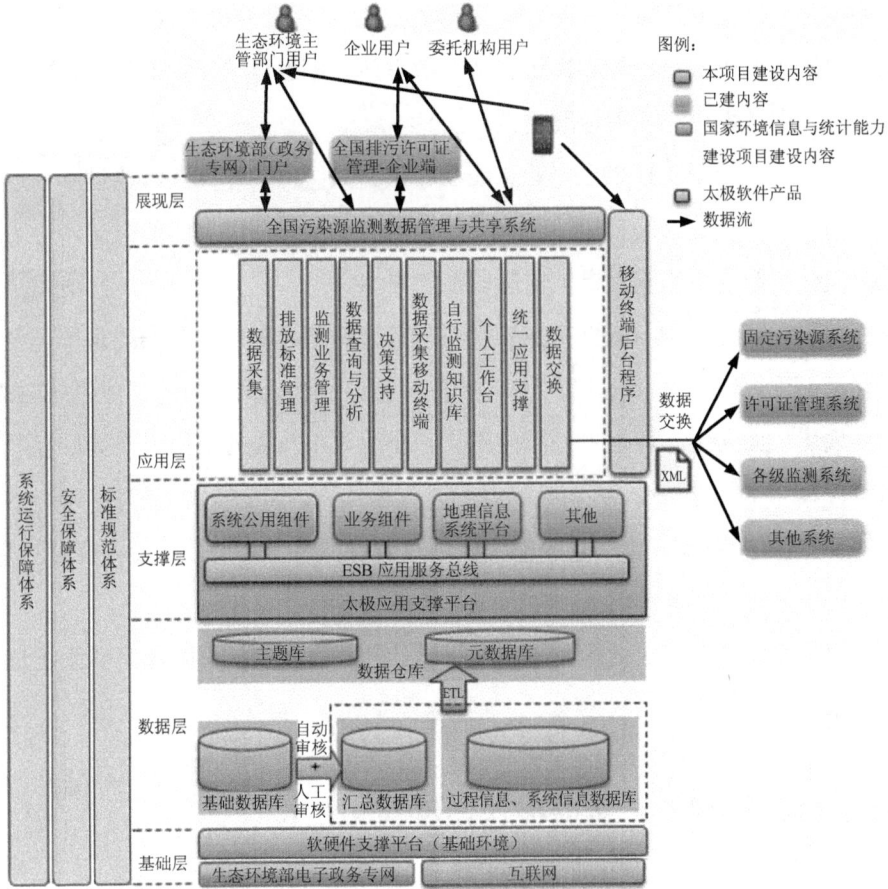

图 13-1 系统总体架构

系统总体架构采用 SOA 面向服务的五层三体系的标准成熟电子政务框架设计，以总线为基础，依托公共组件、通用业务组件和开发工具实现应用系统快速开发和系统集成。系统由基础层、数据层、支撑层、应用层、展现层五层，以及贯穿项目始终、保障项目顺利实施和安全稳定运行的系统运行保障体系、安全保障体系及标准规范体系构成。

基础层：在利用中国环境监测总站现有的软硬件及网络环境的基础上，配置相应的系统运行所需软硬件设备及安全保障设备。

数据层：建设项目的基础数据库、元数据库，并在此基础上建设主题数据库、空间数据库以提供数据挖掘和决策支持。数据库依据原环境保护部相关标准及能力建设项目的数据中心相关标准建设。

支撑层：在应用支撑平台企业总线及相关公共组件的基础上，建设本系统的组件，为系统提供足够的灵活性和扩展性，为应用集成提供灵活的框架，也为将来业务变化引起的系统变化提供快速调整的支持。

应用层：通过 ESB、数据交换实现与包括部级建设的固定污染源系统、全国排污许可证管理信息平台、各省（区、市）污染源监测系统在内的其他系统对接。

展现层：面向生态环境主管部门用户、企业用户及委托机构用户提供互联网访问服务。

标准规范体系：制定全国污染源监测数据管理与共享系统数据交换标准规范，确保各应用系统按照统一的数据标准进行数据交换。

为保持系统安全稳定运行，同步配套设计和建设了安全保障体系和系统运行保障体系。

13.2 自行监测手工数据报送系统应用层设计

全国污染源监测数据管理与共享系统提供的业务应用包括数据采集、监测业务管理、数据查询处理与分析、决策支持、数据采集移动终端版、企业自行监测知识库、排放标准管理、个人工作台、统一应用支撑及数据交换 10 个子系统。系统功能架构如图 13-2 所示。

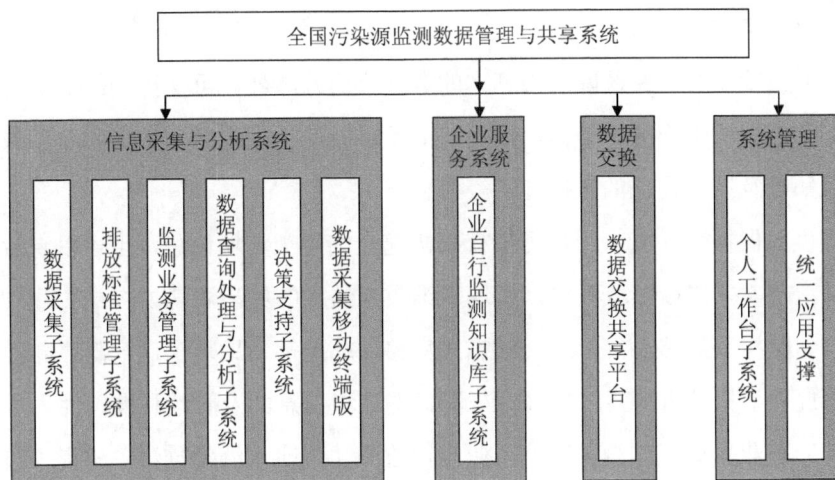

图 13-2　系统功能架构

（1）数据采集：主要对企业自行监测手工数据和管理部门开展的执法监测数据进行采集。面向全国已核发排污许可证的企业采集监测数据，提供信息填报、审核、查询、发布功能，并形成关联以持续监督。

系统能够满足各级生态环境主管部门录入执法监测数据、质控抽测数据、监督检查信息与结果、监测站标准化建设情况、环境执法与监管情况等。企业的基础信息由全国排污许可证管理信息平台直接获取，在系统中不可更改。企业自行监测方案由全国排污许可证管理信息平台直接获取，生态环境主管部门不再进行审核，企业自主确定自行监测方案执行时间。自行监测方案中除许可不包括要素外，其余要素在系统中不可更改。由于不同来源数据的采集频次和采集方式不同，系统能够提供不同的数据接入方式。

（2）监测业务管理：根据管理要求，汇总监测体系建设运行总体情况，生成表格。实现按时间、空间、行业、污染源类型等统计应开展监测的企业数量、不具备监测条件的企业数量及原因、实际开展监测的企业数量以及监测点位数量、监测指标数量等各指标的具体情况。

（3）数据查询处理与分析：查询条件可以保存为查询方案，查询时可调用查询方案进行查询。

（4）决策支持：系统除采用基本的数据分析方法外，可支持 OLAP 等分析技术对中心数据的快速分析访问，向用户显示重要的数据分类、数据集合、数据更新的通知以及用户自己的数据订阅等信息。

提供环保搜索功能，用户可按权限快速查询各类环境信息，也可以直接从系统进行汇总、平均或读取数据，实现多维数据结构的灵活表现。

（5）数据采集移动终端版：数据采集移动端能够帮助环保用户随时随地了解企业情况并上报检查信息，提高污染源数据采集信息的及时性和准确性。

（6）企业自行监测知识库：企业自行监测知识库系统为排污单位提供自行监测相关的法律法规、政策文件、排放标准、监测技术规范和方法、自行监测方案范例、相关处罚案例等查询服务，帮助和指导企业做好自行监测工作。

（7）排放标准管理：提供排放标准的维护管理和达标评价功能。管理用户可以对标准进行增、删、改、查操作，以保持标准为最新版本。提供接口，数据录入编辑和数据进行发布时均可调用该接口判定该数据是否超标，超标的给予提示，并按超标比例的不同用不同颜色进行提醒。

（8）个人工作台：包括信息提醒（邮件和短信）、通知管理、数据报送情况查询、数据校验规则设置与管理等。为不同用户提供针对性强的用户体验，方便用户使用。

（9）统一应用支撑：实现系统维护相关功能，系统维护人员和数据管理人员基于这些功能对数据采集和服务进行管理，综合信息管理主要包括系统管理、个人工作管理、数据管理等方面的功能。

（10）数据交换：建立数据交换共享平台，实现系统中各子系统间的内部数据交换，以及实现与外部系统的数据交换。

内部交换包括采集子系统与查询分析子系统，各子系统与信息发布子系统之间进行数据交换。

外部交换主要是与其他信息系统的数据对接，将依据能力建设项目的相关标准制定监测数据标准、交换的工作流程标准、安全标准及交换运行保障标准等，制定统一的数据接口供各地现行污染源监测信息管理与数据共享。各相关系统按数据标准生成数据 XML 文件并通过接口传递到本系统解析入库，以实现与本系统的互联互通，减少企业重复录入，提高数据质量。

13.3　自行监测手工数据报送方式和内容

13.3.1　报送方式

排污单位自行监测手工数据报送方式为登录全国排污许可证管理信息平台，通过"监测记录"模块跳转至全国污染源监测数据管理与共享系统填报自行监测手工数据结果。自行监测手工数据填报完成后，在全国排污许可证管理信息平台查看自行监测手工数据信息公开内容。排污单位自行监测手工数据报送流程如图 13-3 所示。

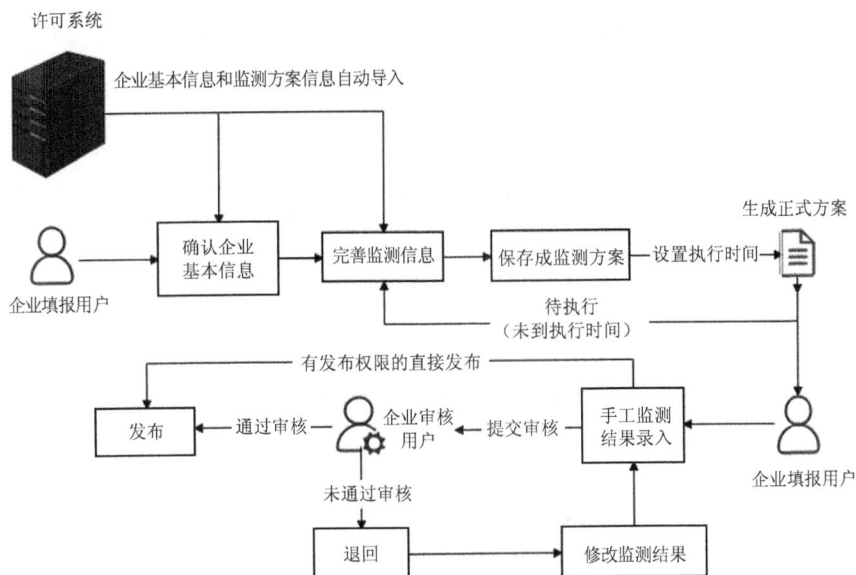

图 13-3　排污单位自行监测手工数据报送流程

13.3.2 具体流程

企业相关基础信息由全国排污许可证管理信息平台直接获取，在系统中不可更改。由全国排污许可证管理信息平台直接获取的企业自行监测方案相关要素（废气、废水、无组织）在系统中不可更改，企业可补充完善自信监测方案中的其他要素（如周边环境、厂界噪声）。自行监测方案补充完善后，生态环境主管部门不再进行审核，企业自主确定自行监测方案执行时间。

自行监测数据的填报流程。自行监测方案到企业自主设定的执行时间后，企业按监测方案开展监测并按要求填报自行监测手工数据结果，手工监测数据需经过企业内部审核，审核通过的进行发布，不通过的退回企业填报用户修改。拥有审核权限的填报用户也可以直接发布。

13.3.3 具体内容

（1）企业基本信息：企业名称、社会信用代码、组织机构代码（与统一社会信用代码二选一）、行业类别、企业注册地址、企业生产地址、企业地理位置、流域信息、环保联系人及其联系方式、法定代表人及其联系方式、技术负责人等由全国排污许可证管理信息平台直接获取，在系统中不可修改。如发现上述信息错误，应通过全国排污许可证管理信息平台进行修改完善。

（2）监测方案信息：废气监测、废水监测、无组织监测等排污许可证中明确了自行监测相关要求的各项内容来源于全国排污许可证管理信息平台，在系统中不可更改。如发现上述信息错误，应通过全国排污许可证管理信息平台进行修改完善。许可证中未载明的周边环境监测和厂界噪声监测相关内容可在系统中进行补充完善。

（3）监测数据：各监测点位开展监测的各项污染物的排放浓度、相关参数信息、未监测原因等。

13.4　自行监测信息完善

13.4.1　监测方案信息完善

排污单位自行监测方案信息（废气、废水、无组织监测）自动从全国排污许可证管理信息平台导入本系统中，排污许可证未载明的周边环境和厂界噪声自行监测要求，企业可在本系统补充完善。

企业用户在系统主界面进入"数据采集"→"企业信息填报"→"监测方案信息"。在【选择方案版本】中如果选择"版本号名称"即可查看相应版本号的监测信息。如果想修改监测信息，点击右侧【加载该版本】即可，然后在【选择方案版本】处选择【当前编辑】。修改的过程可参照下面介绍的录入过程。录入新的监测信息，应在【选择方案版本】处选择【当前编辑】，然后点击右侧的【编辑】按钮进行编辑，如图 13-4 所示。

图 13-4　企业监测方案信息加载界面

在监测方案信息当前编辑中，会出现从全国排污许可证管理信息平台同步过来的监测方案信息，包含相关排放设备、监测点、监测项目、排放标准、限值、监测频次等信息，如图 13-5 所示。

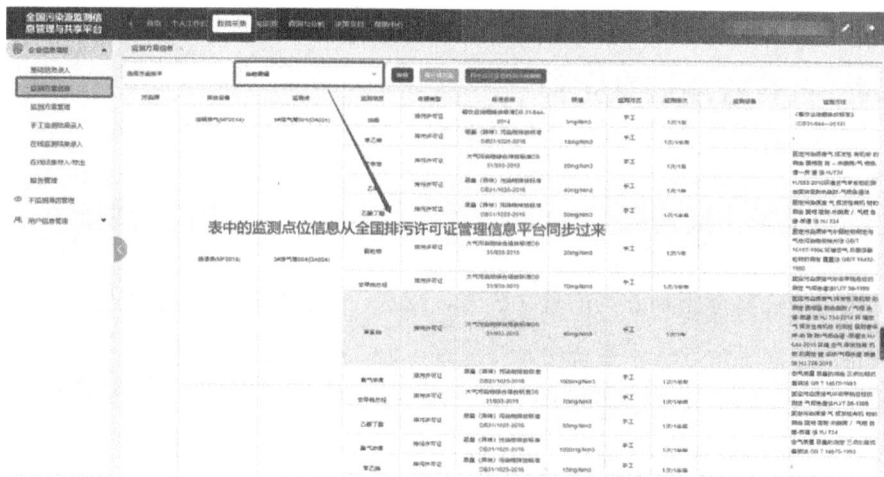

表中的监测点位信息从全国排污许可证管理信息平台同步过来

图 13-5　许可证系统导入企业的监测方案信息界面

13.4.1.1　周边环境和厂界噪声监测信息录入

（1）添加周边环境和厂界噪声监测点

在编辑页面下，点击周边环境和厂界噪声监测点右上方的【增加监测点】，弹出监测点新增页面。输入【排序序号】【监测点名称】【监测点编号】，选择【经度】【纬度】【开始时间】【结束时间】，周边环境还需选择【监测类型】。点击【新增标准】弹出新增标准页面，新增标准成功后，点击【提交】按钮回到新增监测点页面，在此页面确定填写完全部信息后，点击【立即提交】按钮即可。这三类监测点的新增页面类似，如图 13-6、图 13-7 所示。

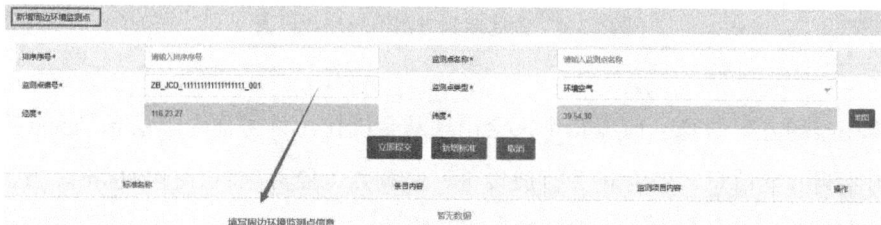

填写周边环境监测点信息

图 13-6　新增周边环境监测点信息

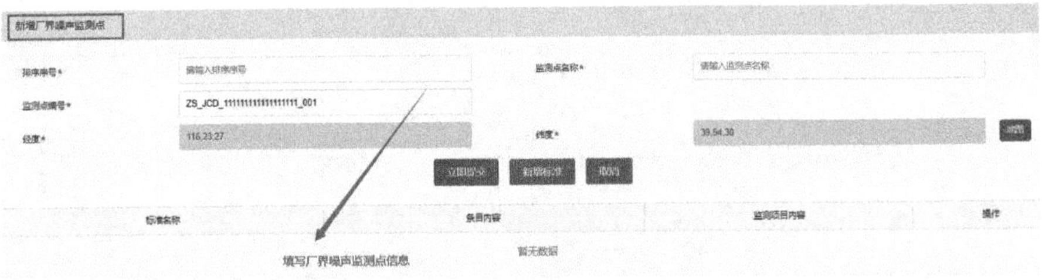

图 13-7　新增厂界噪声监测点信息

（2）添加周边环境和厂界噪声监测项目

一个监测点可能有多个监测项目，在添加【监测点】之后，点击【增加项目】，弹出监测项目新增页面，录入相关信息，如图 13-8 所示。

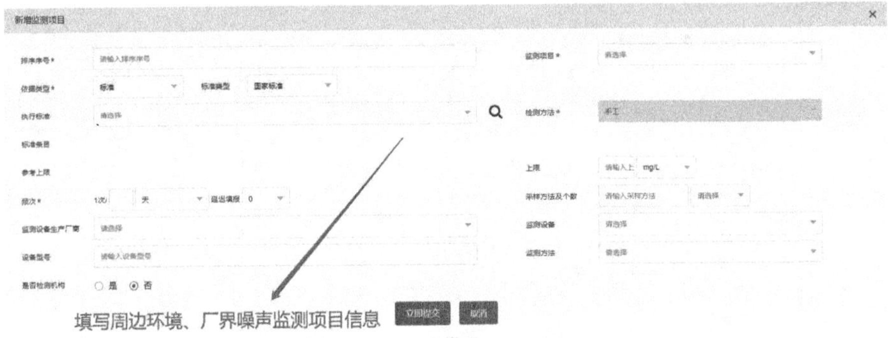

图 13-8　新增监测项目信息

（3）修改周边环境和厂界噪声监测信息项目

修改周边环境和厂界噪声监测点、监测项目时，点击相应的名称，即可进入修改页面，修改过程可参照本小节第（1）（2）部分的新增过程，如图 13-9 所示。

图 13-9　修改监测项目信息

（4）删除周边环境和厂界噪声监测信息项目

修改周边环境和厂界噪声监测点、监测项目时，点击相应名称右侧的【删除】按钮即可，如图 13-10 所示。

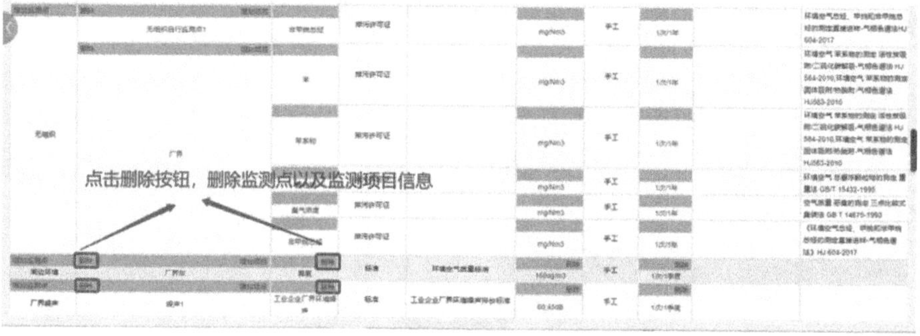

图 13-10　删除监测项目信息

13.4.1.2　完成监测方案

周边环境和厂界噪声监测信息录入完成后，点击页面上的【保存成方案】按钮，会弹出新建监测方案页面，输入【方案名称】【方案版本】等，选择【公开开始时间】【公开结束时间】【编制日期】，上传【单位平面图】【监测点位示意图】，设置方案开始执行时间，最后可点击暂存或者生成正式方案按钮，如图 13-11、图 13-12 所示。

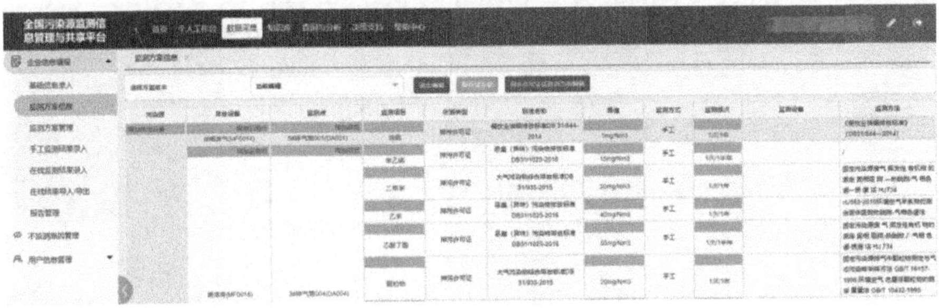

图 13-11　监测方案内容

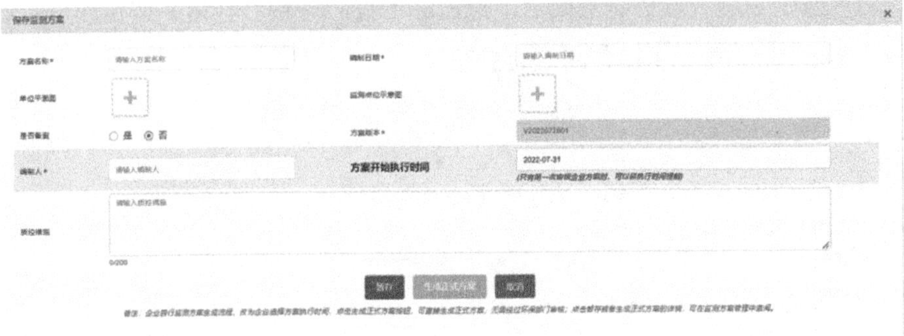

图 13-12　监测方案基本信息

13.4.1.3　监测方案管理

企业用户在系统主界面进入"数据采集"→"企业信息填报"→"监测方案管理"。

（1）查看

根据查询列表结果，点击每条数据右侧的查看 🔍 按钮，即可查看方案的部分信息，如图 13-13 所示。

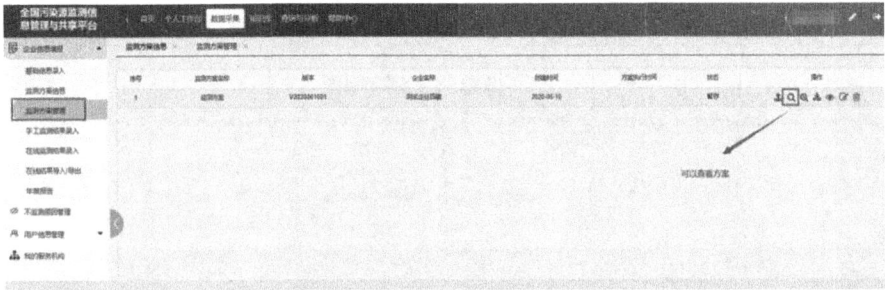

图 13-13 查看监测方案位置

进入监测方案查看信息页面后，点击右下方的【查看详情】按钮即可查看相应的详细信息，如图 13-14、图 13-15 所示。

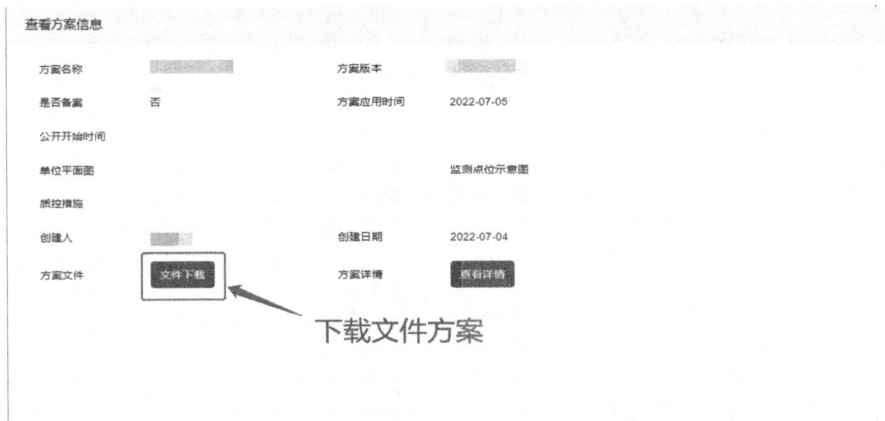

图 13-14 监测方案下载与查看

图 13-15 监测方案内容查看

（2）修改

针对方案状态【暂存】的情况可以对方案进行修改，点击右侧的【修改】按钮，可对方案基本信息进行修改，修改完成后点击生成正式方案按钮，如图 13-16 所示。

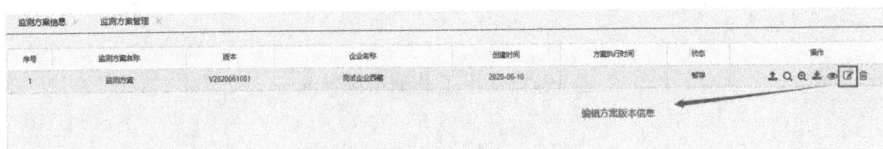

图 13-16　监测方案修改

（3）删除

针对方案状态【暂存】的情况可以对方案进行删除，点击右侧的【删除】按钮，即可对方案进行删除，如图 13-17 所示。

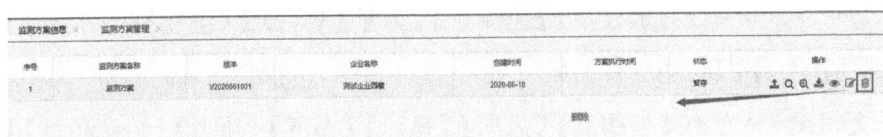

图 13-17　删除监测方案

13.4.2　监测数据录入

企业填报账户登录系统进入主界面"数据采集"→"企业信息填报"→"手工监测结果录入"。到达企业自主设定的方案开始执行时间后，方案正式生效，企业可针对监测项目，录入手工监测结果。

（1）录入手工监测结果

针对相应监测项目，选择需要录入手工监测结果的采样日期，"黄色"代表未填报完成，"绿色"代表填报完成，"橘色"代表未填报完成且超期，"红色矩形框"代表有超标数据，如图 13-18 所示。

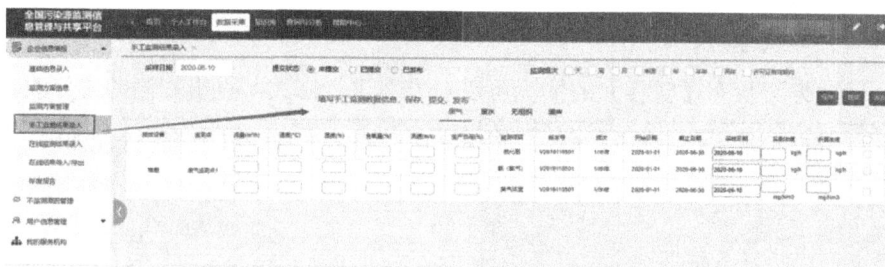

图 13-18　手工监测结果录入

企业选择完填报日期后，可选择不同的提交状态：【未提交】【已提交】【已发布】，下方会有【废水】【废气】【无组织】【周边环境】【噪声】中的一项或多项。

废水录入项有【监测点】【流量】【工作负荷】【监测项目】【频次单位】【频次】【截止日期】【监测结果】【备注原因】。

废气录入项有【排放设备】【监测点】【流量】【温度】【湿度】【含氧量】【流速】【生产负荷】【监测项目】等。

无组织录入项有【监测点】【风向】【风速】【温度】【压力】【监测项目】【频次单位】【频次】等。

周边环境录入项有【环境空气监测点】【湿度】【气温】【气压】【风速】【风向】【监测项目】【频次单位】等。

若录入的监测结果浓度超过标准值，文本所在输入框会变成红色，标识结果超标，如图 13-19 所示。

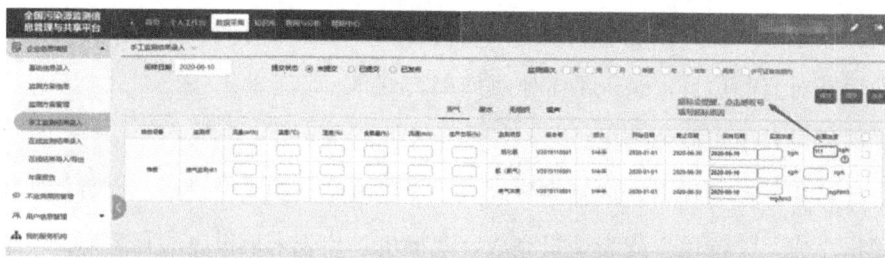

图 13-19　手工监测结果超标提醒

（2）保存手工监测结果

此功能用于保存填报用户填完的手工监测结果，但不提交审核。只需在填报信息后，点击【保存】按钮，之前录入的信息即进行保存，如图 13-20 所示。

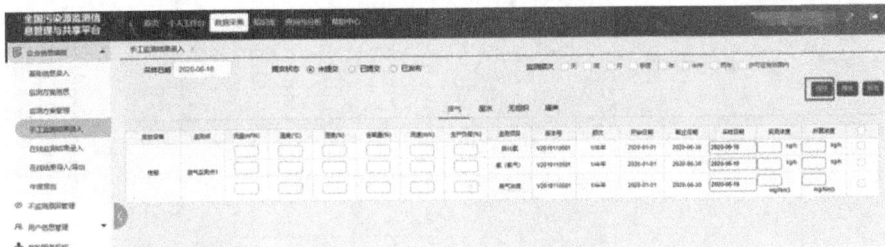

图 13-20　手工监测结果保存

（3）提交审核手工监测结果

此功能用于填报用户提交手工监测结果，针对需要提交的手工监测结果，在每条记录右侧或者全选旁的选择框【□】下进行勾选，再点击上方的【立即提交】按钮即可，如图 13-21 所示。

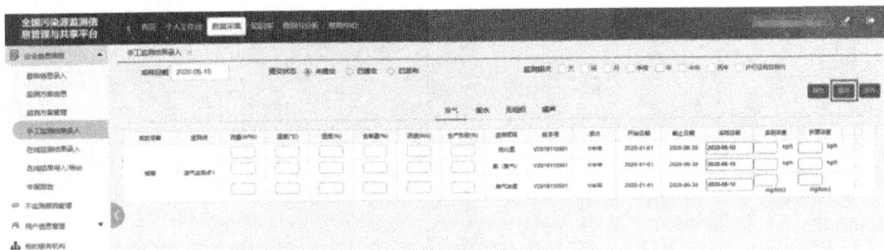

图 13-21　手工监测结果提交

（4）发布

此功能用于企业审核用户，对提交的手工监测结果进行发布处理。针对【提交状态】为【已提交】的手工监测结果，对需要发布的监测结果，在每条记录右侧或者全选旁的选择框【□】下进行勾选，再点击【发布】按钮对其进行发布，如图 13-22 所示。

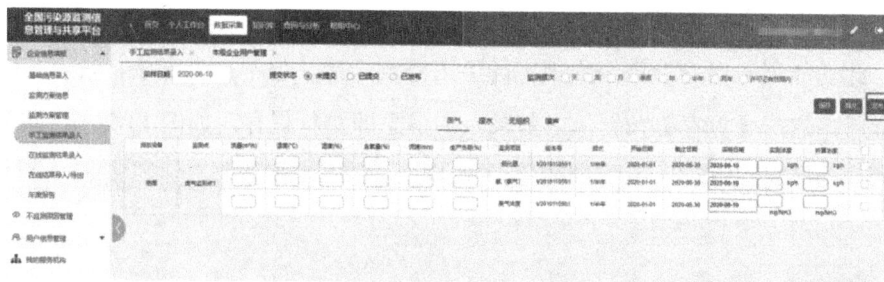

图 13-22　手工监测结果发布

（5）修改已发布数据

企业填报用户可以对已发布的手工数据进行修改，点击结果数据记录右侧的【修改】按钮，修改数据信息，即可完成修改，如图 13-23 所示。

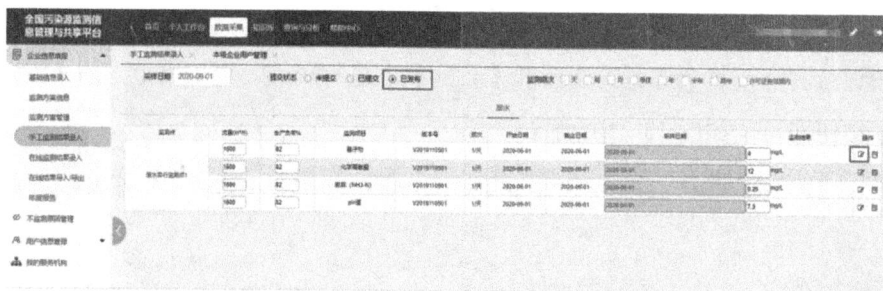

图 13-23　修改已发布手工监测结果

13.4.3　监测数据信息公开

企业审核用户对提交的手工监测结果进行发布处理后的次日，全国排污许可证管理信息平台公开企业自行监测手工数据。信息公开内容条目分为废气、废水、无组织、周边环境和噪声，具体内容包括企业名称、监测点名称、项目名称、采样/监测时间、浓度等，如图 13-24 所示。

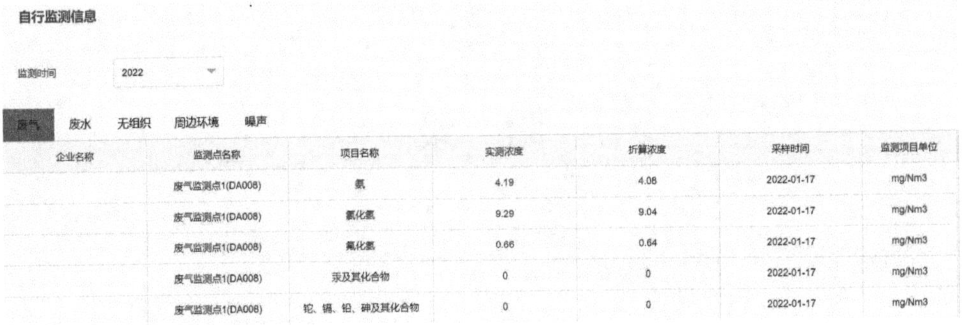

企业名称	监测点名称	项目名称	实测浓度	折算浓度	采样时间	监测项目单位
	废气监测点1(DA008)	氨	4.19	4.08	2022-01-17	mg/Nm3
	废气监测点1(DA008)	氯化氢	9.29	9.04	2022-01-17	mg/Nm3
	废气监测点1(DA008)	氟化氢	0.66	0.64	2022-01-17	mg/Nm3
	废气监测点1(DA008)	汞及其化合物	0	0	2022-01-17	mg/Nm3
	废气监测点1(DA008)	铊、镉、铅、砷及其化合物	0	0	2022-01-17	mg/Nm3

图 13-24　自行监测手工数据结果信息公开

附　录

附录 1

排污单位自行监测技术指南　总则

（HJ 819—2017）

附录 2

排污单位自行监测技术指南　储油库、加油站

（HJ 1249—2022）

附录 3

自行监测质量控制相关模板和样表

附录 4

自行监测相关标准规范

附录 5

自行监测方案参考模板

参考文献

[1]   EPA Office of Wastewater Management-Water Permitting. Water permitting 101[EB/OL].
       [2015-06-10]. http://www. epa. gov/npdes/pubs/101pape. pdf.

[2]   Office of Enforcement and Compliance Assurance. NPDES compliance inspection manual[R].
       Washington D. C.：U. S. Environmental Protection Agency，2004.

[3]   U. S. EPA. Interim guidance for performance-based reductions of NPDES permit monitoring
       frequencies[EB/OL]. [2015-07-05]. http://www. epa. gov/npdes/pubs/perf-red. pdf.

[4]   U. S. EPA. U. S. EPA NPDES permit writers' manual[S]. Washington D. C.：U. S. EPA，2010.

[5]   UK. EPA. Monitoring discharges to water and sewer：M18 guidance note[EB/OL].
       [2017-06-05]. https://www.gov.uk/government/publications/m18-monitoring-of- discharges-to-
       water-and-sewer.

[6]   Huang X W，Long Z Q，Wang L S. Technology development for rare earth cleaner
       hydrometallurgy in China[J]. Rare Met.，2015，34（4）：215-222.

[7]   常杪，冯雁，郭培坤，等. 环境大数据概念、特征及在环境管理中的应用[J]. 中国环境管
       理，2015，7（6）：26-30.

[8]   冯晓飞，卢瑛莹，陈佳. 政府的污染源环境监督制度设计[J]. 环境与可持续发展，2017，
       42（4）：33-35.

[9]   环境保护部大气污染防治欧洲考察团，刘炳江，吴险峰，王淑兰，等. 借鉴欧洲经验加快
       我国大气污染防治工作步伐——环境保护部大气污染防治欧洲考察报告之一[J]. 环境与
       可持续发展，2013（5）：5-7.

[10]   姜文锦，秦昌波，王倩，等. 精细化管理为什么要总量质量联动？——环境质量管理的国
       际经验借鉴[J]. 环境经济，2015（3）：16-17.

[11] 罗毅. 环境监测能力建设与仪器支撑[J]. 中国环境监测, 2012, 28 (2): 1-4.

[12] 罗毅. 推进企业自行监测　加强监测信息公开[J]. 环境保护, 2013 (17): 13-15.

[13] 钱文涛. 中国大气固定源排污许可证制度设计研究[D]. 北京: 中国人民大学, 2014.

[14] 曲格平. 中国环境保护四十年回顾及思考（回顾篇）[J]. 环境保护, 2013 (10): 10-17.

[15] 宋国君, 赵英煦. 美国空气固定源排污许可证中关于监测的规定及启示[J]. 中国环境监测, 2015, 31 (6): 15-21.

[16] 孙强, 王越, 于爱敏, 等. 国控企业开展环境自行监测存在的问题与建议[J]. 环境与发展, 2016, 28 (5): 68-71.

[17] 谭斌, 王丛霞. 多元共治的环境治理体系探析[J]. 宁夏社会科学, 2017 (6): 101-103.

[18] 唐桂刚, 景立新, 万婷婷, 等. 堰槽式明渠废水流量监测数据有效性判别技术研究[J]. 中国环境监测, 2013, 29 (6): 175-178.

[19] 王军霞, 陈敏敏, 穆合塔尔•古丽娜孜, 等. 美国废水污染源自行监测制度及对我国的借鉴[J]. 环境监测管理与技术, 2016, 28 (2): 1-5.

[20] 王军霞, 陈敏敏, 唐桂刚, 等. 我国污染源监测制度改革探讨[J]. 环境保护, 2014, 42 (21): 24-27.

[21] 王军霞, 陈敏敏, 唐桂刚, 等. 污染源, 监测与监管如何衔接？——国际排污许可证制度及污染源监测管理八大经验[J]. 环境经济, 2015 (Z7): 24.

[22] 王军霞, 唐桂刚, 景立新, 等. 水污染源五级监测管理体制机制研究[J]. 生态经济, 2014, 30 (1): 162-164, 167.

[23] 王军霞, 唐桂刚. 解决自行监测"测""查""用"三大核心问题[J]. 环境经济, 2017 (8): 32-33.

[24] 薛澜, 张慧勇. 第四次工业革命对环境治理体系建设的影响与挑战[J]. 中国人口•资源与环境, 2017, 27 (9): 1-5.

[25] 张紧跟, 庄文嘉. 从行政性治理到多元共治: 当代中国环境治理的转型思考[J]. 中共宁波市委党校学报, 2008, 30 (6): 93-99.

[26] 张静, 王华. 火电厂自行监测现状及建议[J]. 环境监控与预警, 2017, 9 (4): 59-61.

[27] 张伟, 袁张燊, 赵东宇. 石家庄市企业自行监测能力现状调查及对策建议[J]. 价值工程, 2017, 36 (28): 36-37.

[28] 张秀荣. 企业的环境责任研究[D]. 北京: 中国地质大学, 2006.

[29] 赵吉睿, 刘佳泓, 张莹, 等. 污染源 COD 水质自动监测仪干扰因素研究[J]. 环境科学与技术, 2016, 39 (S1): 299-301, 314.

[30] 左航, 杨勇, 贺鹏, 等. 颗粒物对污染源 COD 水质在线监测仪比对监测的影响[J]. 中国环境监测, 2014, 30 (5): 141-144.

[31] 王军霞, 唐桂刚, 赵春丽. 企业污染物排放自行监测方案设计研究——以造纸行业为例[J]. 环境保护, 2016, 44 (23): 45-48.

[32] 张静, 王华. 火电厂自行监测关键问题研究[J]. 环境监测管理与技术, 2017, 29 (3): 5-7.

[33] 王娟, 余勇, 张洋, 等. 精细化工固定源废气采样时机的选择探讨[J]. 环境监测管理与技术, 2017, 29 (6): 58-60.

[34] 尹卫萍. 浅谈加强环境现场监测规范化建设[J]. 环境监测管理与技术, 2013, 25 (2): 1-3.

[35] 成钢. 重点工业行业建设项目环境监理技术指南[M]. 北京: 化学工业出版社, 2016.

[36] 杨驰宇, 滕洪辉, 于凯, 等. 浅论企业自行监测方案中执行排放标准的审核[J]. 环境监测管理与技术, 2017, 29 (4): 5-8.

[37] 王亘, 耿静, 冯本利, 等. 天津市恶臭投诉现状与对策建议[J]. 环境科学与管理, 2008, 33 (9): 49-52.

[38] 邬坚平, 钱华. 上海市恶臭污染投诉的调查分析[J]. 海市环境科学, 2003 (增刊): 85-189.

[39] 张旭东. 工业有机废气污染治理技术及其进展探讨[J]. 环境研究与监测, 2005, 18 (1): 24-26.

[40] 王宝庆, 马广大, 陈剑宁. 挥发性有机废气净化技术研究进展[J]. 环境污染治理技术与设备, 2003, 4 (5): 47-51.

[41] 陈平, 陈俊. 挥发性有机化合物的污染控制[J]. 石油化工环境保护, 2006, 29 (3): 20-23.

[42] 吕唤春, 潘洪明, 陈英旭. 低浓度挥发性有机废气的处理进展[J]. 化工环保, 2001, 21 (6): 324-327.

[43] 杨啸，王军霞. 排污许可制度实施情况监督评估体系研究[J]. 环境保护科学，2021，47（1）：10-14.

[44] 王军霞，刘通浩，敬红，等. 支撑排污许可制度的固定源监测技术体系完善研究[J]. 中国环境监测，2021，37（2）：76-82.

[45] 中国能源统计年鉴（2018）[R]. 北京：国家统计局能源统计司，2019.

[46] 孙金仁，董秀成，王文渊，等. 中国石油流通行业发展蓝皮书（2017—2018）[M]. 北京：中国经济出版社，2019.

[47] 环境保护部办公厅. 加油站地下水污染防治技术指南[Z]. 中华人民共和国生态环境部，环办水体函〔2017〕323 号.

[48] SH 3022—2018. 石油化工设备和管道涂料防腐蚀技术规范[S].

[49] GB 50108—2008. 地下工程防水技术规范[S].

[50] DB 11/208—2019. 加油站油气排放控制和限值[S].

[51] 杜前明，张敏，张占业. 油库含油废水处理工艺的应用研究[J]. 资源节约与环保，2020（7）：107.

[52] 胡玮，任碧琪，黄玉虎，等. 国内外储油库 VOCs 排放现状与标准分析[J]. 环境科学，2020，41（1）：139-145.

[53] 陈荣. 加油站环境污染的途径及防控措施[J]. 石油库与加油站，2018，27（3）：21-23.

[54] 赵凤杰，孙慧，赵东风. 储油库挥发性有机物源头、过程及末端治理技术研究[C]. "十四五" VOCs 减排策略与监测治理研讨会暨挥发性有机物污染防治专业委员会第七届年会论文集，2019：40-50.

[55] 王旭，张杰，何兴，等. 基于 AHP-VIKOR 的储罐 VOCs 减排措施分析[J]. 油气田环境保护，2022，32（3）：26-30.

[56] 王磊. 加油站卸油过程中挥发性有机物（VOCs）的排放及控制[J]. 石油库与加油站，2023，32（1）：15-17.

[57] 胡玮，黄玉虎，梁文俊，等. 加油站油气处理装置 VOCs 化学组成及二次污染生成贡献[J]. 环境科学，2023，44（2）：709-718.

[58] 陈鹏，张月，邢敏，等. 基于排放量和大气反应活性的 VOCs 污染源分级控制[J]. 环境科学，2022，43（5）：2383-2394.

[59] 陈鹏，李珊珊，邢敏，等. 我国加油站 VOCs 污染排放现状及回收控制进展[C]. 中国环境科学学会. 2019 中国环境科学学会科学技术年会论文集（第四卷），2019：251-255.

[60] 谷雪景，原彩红，陈莉. 加油站污染现状及控制措施[J]. 世界环境，2018（1）：16-18.